U0150590

经济管理学术文库·管理类

可视化媒介下的信息交互与信息行为：
基于可视化辨别语言的图标标签概念及实验论证

Information Interaction and Information Behavior on the Visual Media: Concept and Experimental Demonstration of VDL-based iconic tags

马晓悦／著

经济管理出版社
ECONOMY & MANAGEMENT PUBLISHING HOUSE

图书在版编目（CIP）数据

可视化媒介下的信息交互与信息行为：基于可视化辨别语言的图标标签概念及实验论证/
马晓悦著.—北京：经济管理出版社，2019.12
ISBN 978 - 7 - 5096 - 6961 - 7

Ⅰ.①可… Ⅱ.①马… Ⅲ.①人—机系统—系统设计 Ⅳ.①TP11

中国版本图书馆 CIP 数据核字（2020）第 012484 号

组稿编辑：杨国强
责任编辑：杨国强　张瑞军
责任印制：黄章平
责任校对：张晓燕

出版发行：经济管理出版社
　　　　　（北京市海淀区北蜂窝 8 号中雅大厦 A 座 11 层　100038）
网　　　址：www. E - mp. com. cn
电　　　话：（010）51915602
印　　　刷：三河市延风印装有限公司
经　　　销：新华书店
开　　　本：720mm×1000mm/16
印　　　张：11.5
字　　　数：215 千字
版　　　次：2020 年 1 月第 1 版　　2020 年 1 月第 1 次印刷
书　　　号：ISBN 978 - 7 - 5096 - 6961 - 7
定　　　价：88.00 元

序

在当前互联网高度发达的环境下，可视化媒介越来越多地参与到信息的表征、传达、交互等各个环节，是用户进行信息获取、满足信息需求并进行信息的传播和共享的重要手段。利用可视化媒介当中的图形化元素，使图形符号从图形本身的图像特征对信息进行描述和多元化传达，同时从符号象形等属性也对信息的内容和结构进行表征和映射，通过这一双重视角讨论可视化媒介所引发的信息行为不仅是对可视化媒介与信息环境进行更为深入的对接和匹配，也是再次从信息行为出发对可视化媒介的作用机制进行深入解读。本书正是在这一背景下做出的最新研究成果。

与笔者初识是在国内的一次学术交流会议上，当时她向我介绍了她的最新研究进展。作为一名刚工作不久的年轻学者，她已经围绕这一研究领域进行了长期的研究，并且取得了丰富的学术成果。当时她也向我透露了正着手准备出版学术专著的事宜。听到她的新作即将出版的消息，我感到由衷的高兴。

笔者的新作从信息可视化媒介的设计方案入手，深入讨论了图形符号与图形编码对于信息标签的表征、排布、绘制方面的作用，同时，探讨使用该结构化图标标签如何对于信息搜索、信息共享等信息行为进行影响和干预。

从书中内容上看，不同部分逻辑清晰、层层递进。本书首先构建了基于可视化辨别语言的结构化图标标签系统，详细阐述并实验验证了用户利用该可视化标签对信息的标注和表征行为特征。在这一基础上，探究了不同类型的图标标签系统在不同的可视化布局下对于标签和被标注信息的搜索效率的区别。

笔者的研究经历十分丰富，所学专业也存在跨学科交叉的特点，这反映在她的学术研究成果上。可视化媒介的设计涉及知识工程、人机交互、计算机支持的协同工作等多个领域的交叉协作。本书中，她验证了可视化媒介的有效性后，进一步探索了协同构建该标签系统的设想，并分别从参与协作角色、协作活动等多个方面阐释了协作设计的过程。

本书以标签构建为起点，延伸至基于标签的信息搜索行为。通过对于可视化媒介的标签搜索行为的对照实验进一步确立了利用可视化媒介进行标签的优化和基于标签的信息搜索准确度、信息搜索效率双重提升的结论。本书以旅游信息系统界面设计为例，详细阐述了以可视化媒介为设计元素和设计理念，如何进行基于图标标签的旅游信息搜索功能的设计及其在推广政策上的建议，这些建议都能够有效地在实践中发挥效应，从而更好地服务信息社会的广大用户。

本书在理论上实现了创新与突破。本书围绕可视化媒介和结构化图标标签展开全面的剖析和实验论证，构建了一套可视化媒介中用户信息交互的行为规律理论，这不仅为传统的文字标注和文字信息环境的理论框架开辟了基于可视化媒介的探索新途径，同时将标签内容、标签结构方面的研究发现与图形学、认知心理学等理论相结合，加强对于信息感知和信息搜索方面的可视化视角解读思维。

在实践层面，本书也具有较高的实践应用价值。本书的一系列研究，进一步拓展了可视化媒介在跨语言环境、复杂知识环境、基于地理信息环境等多个信息环境中的系统界面设计思路，将图形化用户界面、搜索用户界面等多个基于可视化媒介的信息界面设计观点通过结构化图标标签有力地结合起来，并通过对用户交互行为的验证揭示设计过程中的用户为中心的思想，进一步反哺可视化媒介信息交互性的现实意义。

笔者是一位十分优秀的年轻学者，已经获得了国家自然科学基金、教育部人文社会科学基金等多个国家级、省部级科研项目，这些项目都是围绕交互设计与信息行为分析领域，体现了她在一个研究领域长期、持久的投入与耕耘。我相信她能够在这一研究领域，继续拓展探究，在理论上实现更具创新性的突破，在实践上实现更具社会效益的应用，取得更为优异的研究成果。

吴丹

2019 年 12 月 1 日

于武汉珞珈山

前　言

　　服务于信息组织的标签系统集中并提供了可用于在网络上分类、共享和查找个人或组织使用的信息的标注。然而，越来越繁杂的词汇和语言使得标签及被标注的文本之间的连接变得越来越模糊，这使得标签系统的使用和再利用变得更加困难。尽管已有研究尝试通过图标来构建可视化标签系统，但是孤立的符号会造成用户的认知障碍。因此，本书所介绍的研究致力于寻找一种新的方法来改善标签系统中标签的内容和结构表征，旨在利用结构良好的图标来从标注质量和标注速度两个方面提高标签的有效性。本书提出一种基于可视化辨别语言（Visual Distinctive Language）的图标标签系统，主要从标签内涵的符号学解释和标签结构的图形编码两个层面进行标签的可视化表征。同时，研究中还进一步深入剖析了该标签系统的排布方式、协同构建以及对于信息搜索行为的作用方式，通过实验室信息行为实验和设计科学的方法对提出的概念加以验证。最终希望利用基于可视化辨别语言的图标标签系统来优化当下协作信息共享环境中的信息表征和可视化构建，通过结构化图标的媒介方式来实现协同管理、实时交互等创新信息资源管理模式。

　　本书在撰写过程中得到了法国特鲁瓦技术大学知识管理领域专家 Jean – Pierre Cahier 教授、Nada Matta 教授、Myriam Lewkowicz 教授的专业指导，同时武汉大学信息管理学院吴丹教授以及姜婷婷教授也对本书所涉及的研究提出了宝贵意见，在此表示感谢。该书研究获得国家自然科学基金（编号：71403201）、教育部人文社会科学研究规划基金（编号：19YJA870009）、陕西省社科基金项目（编号：2014L03）、西安交通大学青年拔尖人才支持计划等多项基金项目的资助。

马晓悦

2019 年 9 月 25 日于西安

目　录

第一章　绪论

　　知识组织系统（Knowledge Organization System，KOS）[1]是本书研究的基本背景。它作为一个通用术语泛指一系列用来对知识结构进行组织化展示的工具，同时是构建主题地图和相关标签系统的"中间媒介"。知识组织系统[2]是对知识结构进行有组织解释的有效方式，旨在囊括所有类型的组织信息和促进知识管理的方案。例如，一般层次上组织材料（如书架上的书籍）的分类方案、提供更详细的访问标题、控制关键信息的不同版本（如地理名称和个人姓名）的授权文件[3]以及一些非传统的组织方案（如语义网络和本体）等。结构化的知识组织系统在用户的信息需求和系统所收集的材料之间起到桥梁的作用[4]。利用该系统，用户无须事先知晓就能够识别感兴趣的边界对象。无论是浏览、直接搜索、利用 Web 页面还是站点搜索引擎，结构化的知识组织系统都可以通过发现过程来向用户提供信息和知识。

　　当标签被用来在知识组织系统中进行知识的注释、共享和文档搜索时，可以看作具有分类和知识组织功能的关键字[5]。例如，当一项知识被标注为"bus"时，它被认为是归类于"bus"下的一类知识，同时可能涉及"transport"这样的上级类别或"mini-bus"这样的子类别[6]。知识组织系统中的标签及其结构可以作为动态的知识组织访问通道[7]，用户可以通过预定义和系统推荐的标签在知识组织系统中进行共享知识的注释。这样一来，由专家和用户提出的新标签均可被添加到特定的类别中进行潜在的知识检索[8]。此外，便于理解的标签内容和清晰的标签结构（标签之间的语义关系）对于知识组织系统也是必不可少的。在本书所提及的研究中，标签并不单指社会化标签。标签与社会化标签这两个术语的区别可以追溯到它们所属的分类理论。"社会化标签"的概念来自于"大众分类法"，允许同义词的存在且缺乏上层的分类控制[9]。而本书中所提到的"标签"是从协同参与的角度出发，用来描述知识文本的一系列"主题"关键词，符合知识工程领域中对社会语义网的定义规则[10]。与语义网强调本体论所不同[11]，社会化语义网更倾向于接受用户的自我解释，在某种程度上类似于社会化标签的开放模式。这也是为什么社会化语义网中的"主题"可以被称为"标签"。从单个标签理解以及标签结构识别的角度来看，社会化语义网中的标签与社会化标签具有一些相同的特征[12]，例如，这两类标签会在文本形式下导致类似的词汇和语言理解问题，这也正是本书的直接研究语境。在本书的下一章中，我们将详细解释社会化语义网和语义网之间的区别。

一、文字标签

为了展开本书的研究内容，我们首先对最通用、最普及的标签类型——文字标签进行初步的描述。文字标签是与知识组织系统相关联的简短的文本关键词，在某些情况下它们体现了标注者对于所标注知识的分类思想[13]，但这些分类思想又往往由该知识领域的专家或用户根据自己的知识理解所提出。这些文字标签有助于后来的用户进行知识解释并通过相同或相近标签将相关的知识联系在一起。随着知识合作的不断社会化和全面开放，具有不同信息兴趣的各类参与者可能会从自身知识背景出发对统一知识文本进行多角度的标签标注，以便根据具体情况选择合适的知识描述方式[14]。这使得知识组织系统能够收集各个视角和观点下的推荐标签，根据不同的知识需求来全面、清楚地解释这些知识文本的组织结构和被标注知识文档间的关联程度。

二、文字标签系统

与知识组织系统相关的文字标签系统旨在集中知识组织系统中所使用的文字标签，结合由专家和用户提供的潜在标签来构建一个有效的文字标签系统[15]，并且该文字标签系统中的标签内容便于理解，标签结构清晰可辨。

一方面，清晰的标签结构有助于从大量的文字标签中快速定位到目标主题[16]。标签之间清晰的语义关系能够使用户快速、准确地找到与被标注对象关系密切的备选对象用以进行特定目标的标签搜索，从而使得在这些标签之间进行深入的比较，以便做出更好的标签选择决策[17]。

另一方面，标签有助于对各类对象进行辨识或对知识文档进行注释[18]。通过使用这些结构清晰的标签，可以将标签间的结构移植于帮助关联知识与被标注的对象。当不同知识资源由相邻或类似的标签进行标注时，可以认为这些资源之间也涉及紧密相关的主题。因此，标签结构将加强隐含的知识链接，从而促进知识组织系统的高效管理[19]。

因此，我们不禁要问，文字标签系统是否提供了足够的解决方案来帮助理解具有海量主题的复杂知识组织系统结构？研究表明，文字表征方式往往会导致标签含义理解或标签结构识别等方面的问题[20]。例如，在没有自底向上控制的集成知识系统中，词汇是文字标签系统的一个主要问题。这个问题源于词汇的多元选择（包括语言选择）或信息目标的多样性。Furnas 发现，用户会使用同义词和多语言词汇来描述不同的关键词术语形成文字标签，从而导致对同一资源的不同词语描述[21]。此外，一些心理学家指出，不同的用户认知状态也会导致在同一知识组织系统中标签对同一文档的标注有所不同。随着词汇、语言和知识解释视角的日益多样化，这些文字标签与文档之间的联系变得越来越模糊。尤其是随着社会化知识参与和集体知识共享的进一步推进，越来越多的专业词汇出现，意味着标签和被标注文档之间的关系更加混乱，这将导致单纯文字标签系统在实际知识标注和表征中遭遇到应用困境，如图 1 - 1（a）所示。

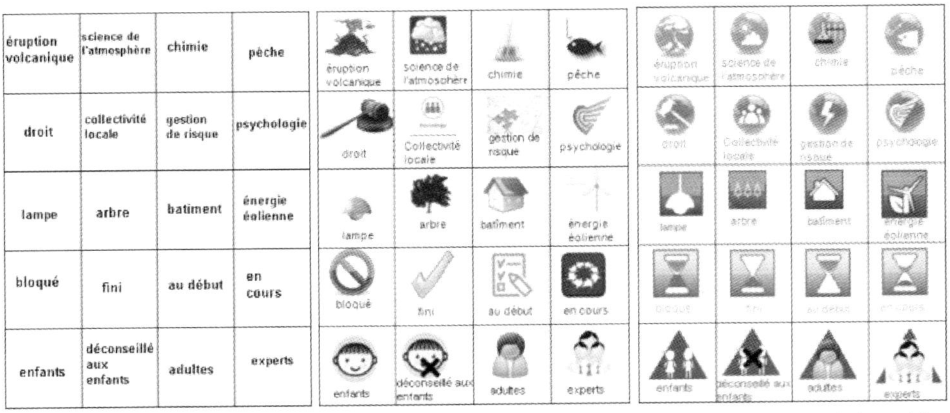

（a）文字标签　　　　（b）无显性结构的图标标签系统　　　（c）有清晰结构的图标标签系统

图 1 - 1　三类标签系统比较

三、构建可视化增强的标签系统

以上问题促使我们在研究中试图寻找一种标签结构的全新表征方式，以便从不同角度探索使用图标等可视化媒介进行标签构建的可能性。根据这一目标，我们从人机交互（Human Computer Interaction，HCI）领域中寻求到一些启发，特别地关注于可视化媒介和可视化元素对于文字标签的可视化增强方式。

（1）单个标签的可视化表征：通过每个图标的内部视觉特征（与图标的符号特性相关联的标签的紧密程度）来感知标签内容。

（2）标签结构的可视化表征：当标签来自相关领域时，如何通过图标或图形编码以加强它们之间的关系可视化（通过标签云或界面上标签之间的"距离"来表征标签间的语义紧密程度）。

图像认知心理学的研究[22]逐渐形成了视觉编码和语言编码，在信息表达上可以独立互补的观点。自 20 世纪 70 年代后期以来，图标作为一种视觉表现形式，越来越多地应用于计算机应用程序和机器接口，如浏览器、软件和移动电话接口[23]。图标简洁、直观等图形特征使其成为一种可以为用户提供信息可视化交流的辅助工具[24]。

除了图标的传统界面设计与应用之外，还有研究表明，图标在理论上具有基于图形和符号的知识可视化表征优势[25]。该理论可以追溯到可视化知识表征的分类[26]，在研究学者所指出的六类可视化知识表征工具里，图标显示出符号学的特征，并利用图像元素对被表征知识进行了特定解释。特别需要说明的是，古代的原始书面语言实际上是图标的象形表示，如埃及象形文字和古代中文等。这些图形化语言就是解释信息并与知识图像进行交流的最自然的语言之一。

标签系统不仅对单个标签表征感兴趣，同时对多个标签间的语义结构表征也感兴趣[27]。但是，从第二章和第三章的研究现状可以看出，尽管已有图形符号和认知心理学的研究工作解释了作为知识载体的图形元素如何对文字进行可视化表征和可理解性的提高，却没有提及结构上的图形化表征问题。此外，当与知识类别相关的信息在用户观点增加的前提下不断增加时，尽管使用图标进行知识的标注和表征，但如果这些图标标签均使用不具有显性可视化结构的图标，用户仍然会沦为对过多孤立符号的逐个浏览，不能快速地定位目标标签，如图 1 - 1（b）所示。

四、本书的研究问题

本书所提出的研究问题是基于结构化图标标签系统的构建。该研究提出以计算机科学知识为支撑，以人文社会科学为辅助，对这些复杂的信息构建问题进行深入的探索。其中一个具体的科学贡献是依托于 Hypertopic 知识模型［见图 1-1 (c)］创建基于可视化辨别语言的图标标签系统。Hypertopic 知识模型有助于更有效地建立一个标签系统，用以协同化地生成文字标签，从而进行知识的注释、搜索和共享。这项研究是在可持续发展的背景下进行的，其原始文字标签采用 Hypertopic 知识模型进行管理[28]。基于可视化辨别语言的图标标签系统旨在通过识别图像代码和图形规则来帮助用户更好地理解图标内容与图标结构，进而更快速地识别标签间的语义关系和内涵。基于可视化辨别语言的图标标签系统的设计需要构建并开发一种新型可视化媒介方法，以对基于标签的众多在线活动中所出现的实际问题做出具有科学价值和实践意义的响应。这些年来，我们一直在努力开发基于视觉标签概念的跨学科研究框架，从不同的理论和方法论角度推进分析工作（见图 1-2）。因此，我们的研究涉及一个开放的概念性问题，更偏重于实现的方法和条件以及支持该方法的工具。

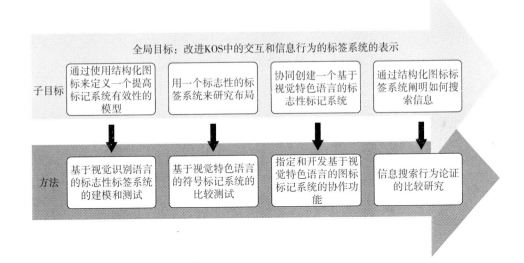

图 1-2　构建基于可视化辨别语言的图标标签系统的四个步骤

本书需要验证的研究问题如下：

（一）什么样的可视化标签系统可以直观地解释标签的语义结构

当我们开始本项研究时，用户（包括标注者）经常在许多标签上进行浏览和添加，而未能选择那些更有用和可重复使用的标签。当文字标签无法用来解释标签之间的关系以及被标注文档之间的关系时，用户就会浪费大量时间去查找或再次查找被标注信息。理想情况下，一个可视化的标签系统应该能够同时提供标签的图形解释和视觉结构[29]。因此，本书的第一步是研究如何在标签系统中正确、高效地组织标签，进而为这个清晰易懂的标签组织结构建立一个可视化的基底图标系统，用以改善标签的视觉结构。为此我们需要识别和理解社会化语义网[30]及 Web 2.0 下的文字标签（以可持续发展领域的标签为例）之间的关系，进而利用知识工程领域的信息与通信技术（Information and Communication Technologies，ICT）来设计文字标签间的组织结构。

另外，我们还需要设计图形编码来直观地显示标签及其结构。所以，我们利用了与人机交互领域相关的图形符号和图像识别的概念，通过可视化标签系统的创建，形成了这两个领域之间的紧密连接。

（二）在基于可视化辨别语言的图标标签系统中，哪种标签排布可以提高标签的效率

推荐标签的显示方式与标签系统中的标签排列密切相关。当涉及一小组标签时，标签系统的显示可以看作一个小型的标签云界面。两者唯一的区别是标签云是为了搜索所需的被标注信息，而标签系统则是集中并提供可选用的标签[31]。但它们的共同目标均是提供一个可视化界面，以便准确快速地查找和检索所需关键字。这种标签簇的组织和显示问题在文字标签云中得到了广泛的讨论[32]。在验证了基于可视化辨别语言的图标标签系统的有效性之后，我们还需要考虑这些特殊标签的排列方式，从而进一步提高标签的语义结构的可视化表征。我们假设，按类别显示的标签（根据 Hypertopic 知识模型形成的语义类别）可以帮助添加、修改和检索可视化标签（可视化标签系统中的一个操作）以及随后的检索、注释和资源共享（可视化标签的知识应用）。而这一研究结果对于大规模的标签系统也同样重要。例如，如果有证据表明利用语义结构显示图标的识别过程比标签云中的其他排布方式更加有效，那么当涉及海量标签时，这些标签应该存储并显示与图标所表征的可视化辨别语言相对应的内容。本部分的研究是在人机交互的框架下进行的，该框架主要关注标签云的可视化媒介设计和可视化排布方式。

（三）如何构建基于可视化辨别语言的图标标签系统

前文提到的两个假设更侧重于从个体方面进行标签表征的改善。然而标签是一种社会活动。例如，在一个社区内，我们需要更好地理解标签的排列方式和表征内容，这是一个基于标签的集体协作的知识活动。所以，为了能够更好地完成该项协作活动，我们需要设计一个具有内容和结构双重可视化的标签系统。

此外，虽然图标的可读性和通用性众所周知，但理解图标是一项复杂的认知行为，它取决于不同的用户语境、认知水平和信息目标。这也是专家更喜欢用文字表达知识组织系统的原因。例如，一棵树的图标不仅可以表征树本身，还可以同时代表"自然"或"环境"等多个标签。所以，收集和设计一个特殊的图标集合具有重要的意义。在这个图标集合里可以包含多个具有相同或相近表征功能的图标符号，这些符号适用于不同的文字标签系统，从而使得多个关键字在不同的目标中可以利用不同的图标符号表示相同的含义。这是一项需要多个用户协同参与、共同完成的可视化标签设计工作。

另外，当知识资源或知识共享环境发生变化时，系统需要不断地设计新的图标来满足知识需求。在这个过程中最困难的事情不是提出新的图标符号，而是确认最新的、现有的图标系统的可视化结构，从而在新系统的设计中尽可能地减少修改[33]。因此，我们需要设计一个更通用的协作式图标系统，能使新的图形规则快速适应于不同的知识共享情况，避免引发过多的二次学习与培训。本部分研究主要涉及计算机支持协同工作（Computer Supported Cooperative Work，CSCW）领域。以第一部分所开发的基于可视化辨别语言的图标标签系统理论模型为基础，结合计算机支持协同工作领域的思想指导来实现该系统的合作创建，从而将个人和社会活动结合起来，为知识社区中的所有角色提供服务。

（四）如何运用基于可视化辨别语言的图标标签系统进行信息搜索

更具体地说，本部分研究的目标可以从以下两个方面解释：①搜索用户界面可视化是搜索界面开发设计的前沿课题。作为搜索用户界面中的一个常见组件，创建标签是为了提升信息搜索效率，并在搜索过程中强调以用户为中心的交互。然而，大多数基于标签的搜索设计更多地使用文字标签，而词汇和语言的信息搜索问题经常导致用户无法接近准确的搜索目标，降低了搜索效率。②基于可视化辨别语言的图标标签系统是一种改进文字标签问题的新型标签方法。它不仅具有传统的标签信息检索能力，而且在考虑视觉表征时具有更大的优势。因此，研究基于可视化辨别语言的图标标签系统是否改变了基于标签的信息搜索行为以及如何改变，是搜索用户界面和信息检索中一个有意义的问题。

五、研究意义

研究可视化媒介中的信息交互与信息行为对信息组织、标签表征、界面设计、协同工作等多个方向具有重要的科学意义和实践价值。

（一）科学意义

研究可视化媒介中的信息交互与信息行为是在文字标签作用方式的基础上整合地探究此种新型标签在各级知识活动中的作用方式和协助机制。

（1）本书基于结构化图标标签的多级知识需求行为有助于更加深刻理解此种新型标签的内涵和优势。通过此项研究，可以更加清楚地解释用户究竟在知识行为的哪一环节受到结构化图标标签的影响最大，结构化图标标签的哪一特征使得用户浏览、搜寻、分享效率提升等。诸如此类涉及用户在信息系统尤其是知识组织系统中的行为元素的讨论不再仅仅停留于标注结果层面，而是深入到机制层面去分析此种标签的作用始末，从而开辟继文字标签之后的可视化标注新途径。

（2）本书有助于深化对图形化认知理论和信息可视化理论的理解。从理论意义上来说，信息可视化和所有可视化研究一样，都是基于符号学以及图形化认知的学术结论。研究结构化图标标签对用户知识行为的影响，深化了已有的图形认知理论，即用户在面对具有知识标注功能的结构化图标标签时所具有的认知行为。这种行为在原有认知特征的基础上，又添加了基于网络的知识组织系统背景下的认知新特征。

（二）应用前景

（1）研究可视化媒介中的信息交互与信息行为将服务于构建新型标签系统。通过研究用户使用结构化图标标签的知识行为来明晰其与传统文字标签行为的区别和联系。这一结果将为系统设计者提供依据：图标标签和文字标签应该搭配使用还是单独使用，什么时间使用等。根据此项研究的结论，通过对比发现结构化图标标签在什么情况下可以代替或协助文字标签，在什么情况下可以改善文字标签的不足之处。这对以后确定结构化图标标签的使用环境具有现实意义。

（2）本书也为搭建可视化复合型知识平台界面提供理论依据。①确定了该类标签在现代信息系统中特别是知识组织系统中的功能定位：如何将图形编码和图标表征服务于用户的知识行为过程。同时，这一研究也有利于解决跨组织、跨领域，甚至跨国界知识需求中，由于文字标签语言差异或内容理解不善而造成的浏览、搜寻、分享效率不高的问题。②研究结构化图标标签在用户知识浏览、搜寻、分享中的作用机制可以在图标具有绝对优势的应用领域中做出应用推荐，例如，以地图为知识行为媒介的知识组织系统：智慧城市、防灾工程等。通过改善原有图标的知识功能，使之更加符合用户浏览、搜寻、分享内容与结构双重可视化的被标注知识的行为特征。

六、本书结构安排

第二章，讨论标签系统和社会化标签的发展现状，特别是在知识工程和社会语义网的背景下标签的研究现状。本章介绍、阐明文字标签系统需要改进的问题。在这一章中，我们首先通过知识组织系统和标签系统论述标签在知识工程领域的贡献。其次，介绍了关于标签的系列研究，主要是通过文字形式的（以及部分图标标签的例子）社会化标签来更好地理解标签的特性，以及当前标签云研究中的局限性。最后，回顾了社会化语义网的 Hypertopic 知识模型，阐释该模型对于知识组织的改进方式，从主体、特征和资源三个维度描述该模型的知识组织理论。通过这一章内容，我们可以了解从知识组织系统到 Hypertopic 知识模型中社会化标签和服务于知识组织系统标签的研究现状，以便发现问题，从而作为我们的研究动机。

第三章，主要是图像表征和图形认知的研究现状。虽然我们的研究主要是知识工程和人机交互的交叉学科，但我们也会介绍图标及其视觉应用的相关研究，包括界面设计、知识表示、认知心理学和符号等。这些补充材料可以帮助我们设计一个结构良好的可视化标签系统：将图标的图形特征和符号特征考虑在内，从知识图标理论等方面丰富我们的研究，并带来新的启发。

第四章，介绍了基于可视化辨别语言的图标标签系统的具体实现方法。我们对 Hypertopic 知识模型组织下的文字标签进行建模，在知识组织系统框架中对其进行可视化类别表征，并利用"纸上"标注实验验证了该标签系统的有效性。

第五章，进行了更加全面和有趣的实验，用以验证基于可视化辨别语言的图标标签系统在排布方式中的优势。通过对以上两个实验的共同分析，我们可以初步构建一个可视化标签系统及其界面。

第六章，讨论了基于可视化辨别语言的图标标签系统的系统构建机制和详细功能，并阐述了具体的协同角色、方式和协同活动。在本部分展示了相应的设计系统界面和具体操作。

第七章，由于信息搜索是标签的重要功能之一，基于可视化辨别语言的图像标签系统如何改善信息搜索成为了该部分的重要研究内容。本书设计并进行了两阶段实验，用以跟踪和量化当使用基于可视化辨别语言的图标标签系统时，在无特定搜索目标和有特定搜索目标情境下的信息搜索过程。根据本章的研究发现，基于可视化辨别语言的图标标签系统的可视化媒介交互理论可以得到进一步的丰富和完善。如果证明基于可视化辨别语言的图标标签系统能够改善信息搜索过程，那么这些标签可以作为搜索用户界面设计的一种可视化方法。

第八章，以陕西省旅游信息资源管理为例，具体分析如何利用基于可视化辨别语言的图标标签系统进行旅游信息交互和界面的设计。

第九章，总结本书的研究发现和提出的各种观点，并指出今后进一步的研究方向。同时，该章深化此前提出的关于跨学科的概念和实现想法，通过不同领域的研究可行性和展望，以说明该研究的理论和实践前景。

第二章 研究现状（1）

——知识工程和标签系统

从第一章的介绍中我们可以发现，本书所要解决的问题显示了多学科属性，因此，本书的研究现状也被对应地分为两章内容。其中，第二章侧重于信息科学领域，特别关注于知识工程以及对应的知识组织系统和标签系统，从而发现标签系统中的限制并初步展示标签系统所涉及的可视化研究。第三章更侧重于认知心理学和符号心理学方面的研究，这将有助于我们找到一个图形化的解决方案来改进文字标签系统中的内容和结构表征问题。

由于可视化标签系统的构建在知识工程和人机交互领域之间建立了联系，在这一部分中，我们首先讨论知识组织系统、标签系统、标签云、社会语义网和Hypertopic知识模型等方面的工作，同时介绍标签可视化表征中的一些初步研究成效。

一、知识组织系统

"知识管理系统"是一个通用术语，其中包括用于组织解释知识结构的工具。这个术语的表面意思是"语义工具"，从更广泛的意义上说，知识组织系统还包括图书馆和百科全书。从自动化办公环境（文件所有权或开源、照片、视频、音乐……）的角度看，知识组织系统通过增加系统和有意使用元数据的方式取得了显著的成功，通常涉及六类常见的知识组织系统：图书馆的一般观察和分类、一般的分类方法，文档语言和术语词典，形式本体论，语义网，符号本体论（社会语义网），局部分类方法，协作网络资源，大众分类法，自动搜索引擎。

在所有这些类型的知识组织系统中，需要各种方法来帮助解释和组织所包含的知识，从而促进对信息的访问、请求以及对文档的理解。截至目前，社会标签可用于组织、共享和搜索可供个人或组织使用的知识及信息。这些文字标签可看作在给定的上下文环境中对知识进行分类的关键字，同时用户能够根据预定义和推荐的标签对信息资源进行分类。此外，从语义的角度看，这些标签还可以用来解释和分析组织中各个参与用户的信息需求和知识共享环境[34]。

与知识组织系统相关的文字标签是知识的简短阐释，可认为它们指示用户在给定的上下文中对知识进行某种分类[35]。标签可由该领域的专家提出，也可由用户根据自己的理解提出。这些标签存在于知识组织系统中，以帮助解释知识和相关知识之间的链接[36]。我们使用"标签"这个常用词，来自于我们常谈论的主题地图的 ISO 标准，即标签是解释过程中使用的语言元素，而不是单纯描述某个概念的普遍工具。

二、标签系统

本书提出的标签系统概念旨在为专家提供潜在的标签资源，将用户使用的标签以某种结构聚合。这些标签根据上面段落中的格式定义，是理解知识组织系统设计的知识及组织的对应关键字。用于知识组织系统的标签系统将这些关键字集中以进行信息和知识标注，并作用于后期基于标签的信息搜索和知识共享[37]。标签内容可被清晰理解、标签结构显化（标签间的语义关系）是构建有效标签系统的两个基本条件。然而，通常应用于当前标签系统的文字标签，会因词汇和语言的多样性，导致标签内容理解或标签结构识别方面的问题[38]。

在缺乏自上而下控制的情况下，词语的多元化可能会对标签系统构成重大的挑战。这个问题不仅源于不同的词汇选择（包括语言选择），还涉及信息目标的多样性[39]。Furnas 等（2006）指出，用户会使用同义词和多义词来"用不同的术语作为标签来描述相同的资源"，这导致了对同一资源的不同描述。此外，不同用户的认知状态会产生不同的标签集，却无法直接确定这些标签集在同一文档中的一致性。随着词汇和语言的日益多样化，文字标签与被标注文档间的联系变得越来越模糊。尤其当标签数量增加时，这种由于词汇而产生的结构模糊性问题就会变得更加突出。

一些学者调查了标注后的用户信息意图[40]。它们的标签主要与基本内容的主题、类型或归属方有关。Bischoff 等（2008）证实了这些结果，并将其扩展到不同类型的大众分类法中[41]。然而，这两项研究都没有在用户层面调查和深入探究标注策略中显示出差异性。Noh[42]提出了一种基于标签的多语言翻译方法，如果用户表现出类似的标注动机，则该标签被认为是被标注多语言信息的有效翻译。同时，还有学者提出了利用标签的上下文来改善标签的快速定位效果[43]。这些方法主要使用共现度量法来进行标签关联的测量和表征，该方法认为，如果用户使用公共标签来标注两个信息资源，那么这两个被标注资源间必定存在某种语义关系。他们指出，这种以用户为中心的标签聚类方法相比于其他方法更适合标签的分类和簇集。Cattuto 和 Markines[44][45] 的研究中涉及不同标签的共现性。Li 等[46]指出，使用书签服务的用户可从具有相同 URL 的个性化词汇中获得被标注资源的相关信息。他们认为可能会因仅引用 URL 标签而消除由于累积效应导致的不同信息资源的表征差异。这两种观点同时交汇于将标注资源的个性化标签与大众分类法中标签的共现性应用于主题图谱的创建，并用以激发标签信息来表征和翻译的灵感。

尽管存在词汇问题[47]，一些研究人员却提供了社会标签系统中真实存在结构的证据，这些结构将帮助用户通过组织和索引信息资源来探索有用的信息。即使用户使用不同的词语来描述同一个文档，但这些词语间在语义结构上的隐式关系和内容却可能是相似的。从 Fu 等[48]的研究中可以看出，标签语义关系可以用来推理标签主题网络，并在信息探寻过程中改善对原本信息资源的语义解释；同时，假定已有标签的语义关系会反过来继续影响未来标签的选择。

为了研究标签之间的层次关系，不少研究学者提出了各种直观的标签分类方法。为提出更好的标签建议，Wu[49]采用一种称为潜在语义分析的因素模型来将标签与非层次主题合并。Brooks 等[50]认为标签的层次凝聚聚类（HAC）法可以改进协同标签系统，并应用于个性化推荐[51]。Heymann[52] 使用基于相似性的树型方法将标签分组成树，这种树生成的经验可以很好地组织具有层次结构的标签。根据 Heymann 等的工作，Schwarzkopf 等[53] 又提出了一种使用标签的层次结构对用户建模的方法。为了对标签进行组织，Begelman 等[54] 则采用自顶向下的层次分类方法作为 HAC 的有效补充。实验证明，标签的层次结构可以改善用户在标签系统中的使用体验。已有的标签分层算法大多基于标签间的相似性，然而这种关系却很难量化。有些标签类别间并没有明确的界限，这使得它们的相似之处无法深入区分。

研究者还研究了社会化标签系统与本体间的关系。为明确知识工程领域的概念而定义和实现了本体[55]。Peter Mika[56]提出了广泛的社会化标签系统，包括参与者、概念和对象。他利用标签合作以社会化标签为基础而构建本体论。Wu 应用层次分类创建了基于标签的本体，这些标签也涉及"相似"关系。另外，部分研究提出了适应社会化标签系统的本体论方法[57][58]，这些方法主要涉及标签、对象和用户之间的关系，而非标签本身之间的关系。为自动构建标签本体，Angeletou 等[59]尝试利用该领域专家开发的本体论研究来确定标签间的关系。然而研究结果的覆盖率普遍较低。Specia[60]提出利用现有本体组织标签的综合框架，但未获得有益的直接经验。Kim 等[61]在上述基础上总结了使用语义注释模拟标签状态的方法。

基于上述论述，文字标签传统上被应用于本体论和知识研究，但在社会方面尤其是语义关系非常隐晦的情况下其研究仍然不够深入。

三、基于标签的信息搜索及其行为

（一）基于标签的信息搜索

社会标签是在 Web2.0 环境下，用户参与到信息发现和管理、内容揭示和共享的信息组织的一种新方法[62]。它是用户在网络上描述潜在语义信息的一种十分流行的方式，用户通过自己的兴趣及理解认知，对网络资源进行标注。标签表达了用户对信息资源内容的认知，并且资源通过标签得到聚类，使内容相似的资源集中在一起[63]。

多个用户对相似资源的标注可产生标签的种类主要包括：表明事物范围的标签，表明标注对象类型的标签，表明所有者的标签，对类别进行归纳的标签，表明事物的性质或特征的标签，自我识别之用的标签及表明事物用途的标签等。

标签的优点可总结为：标示，可以方便查找；指代，索引中指代原件；聚类，可以提供关联度；分面标引；体现集体智慧；等等。

标签缺点包括：歧义多、同义多、单复数滥用以及专指度不够[64]。

标签的基本功能有：收集标记资源、分类组织资源、浏览分享资源、发现推荐资源。

标签的扩展功能有：

（1）基于标签的网络资源检索。许多网站可以进行标签检索，方便用户通过标签快速找到需要的信息资源。

（2）标签的可视化。运用可视化技术，将标签、资源、用户之间的关系网络呈现给用户，方便用户进行信息查询，多以标签云的形式展示。

（3）建立关系网络。形成群组，方便用户进行资源共享与互动。

（4）用户偏好数据挖掘。生成准确的用户画像[65]。但基于标签的检索也存在一些问题。由于标签的模糊和不规范，很容易造成漏检，或因为标注资源庞大，检索用户需要过滤庞大的搜寻结果，检索效率不高。在改进这些问题方面，也有很多学者做了很多研究[66]。

利用标签进行检索界面的设计，对于用户提升检索质量有很大的帮助。作为标签可视化最普遍的形式，标签云的研究备受关注。标签云是具有可视权重的标签集合，很好地解决了标签信息可视化的问题，可用于信息推荐和导航。通过标签的可视化属性体现不同标签的重要程度，从而对用户浏览产生导向作用[67]。大众分类是一个不受控制的索引术语的集合，用户可无限制地使用索引来检索他们的单个文档。这种知识组织形式与索引术语的结构分类命名法，叙词表和分类体系形成鲜明对比。随着标签使用量的不断增加，出现了许多组织及表现方法。很多网站提供所谓的标签云作为其服务的入口点。通常，标签云用字母顺序显示热门标签，标签的相对大小和重量取决于其相对用途。因此，标签云将大众化的词汇转化为导航工具。目前，有关标签云的研究集中于通过改变标签的大小、颜色、位置等因素对检索质量的影响，也有许多研究集中在对于算法的改进。由于标签之间缺乏交互和语义关联，添加额外搜索参数的困难得到解决。标签簇相比于标签云更有优势，标签簇利用数字数据（即用户制定的分类标签），帮助用户找到正确的文件访问点。标签簇代表了信息可视化和可视化驱动的查询扩展的一种新形式，并因此使得在基于网络的信息检索中应用人机交互研究成为一种新的可能[68]。

许多研究认为，标签在信息搜索中的作用是正面的。由于在基于标签的信息搜索中，用户的参与不需要特定的技能，因此十分流行。当基于标签的系统规模比较大时，用户的支持程度不再严格依赖于增强检索功能，而内在的组织结构更为重要。如何利用该系统的优点，并且不会对没有经验的用户造成影响是一个待解决的问题。即当用户较多时，信息组织更重要，如何给经验缺乏的用户提供更好的检索环境值得研究[69]。

近年来，社会标签与用户的交互研究也备受关注，用户的行为及行为对标签效果的影响研究对于提升信息搜索效果的意义重大[70]。用户的标注动机是社会标签系统研究的主题之一。大多数动机研究集中于标签的创建者，而未考虑标签的使用者，该研究通过调查标签网站，分析互联网上标签使用情况及人们使用标签的原因和方式。结果显示，最频繁创建标签的人经常使用标签；有些用户频繁使用他人的标签，而不会干扰他们自己创建标签；搜索是创建标签和使用标签的主要动机，其他重要动机包括"组织"和"导航"[71]。

为促进企业网站的信息检索效率，Sommaruga 将标注和大众分类法相结合，改进了对网站的访问。网站内容管理者定义了自顶向下分类的控制组合，用户定义了自下而上进行分类。基于用户与系统的交互而自动生成分类标准，而不是作为显式标签的结果。以此方式提升信息检索的用户体验[72]。

通过调查在协同标签系统中标签推荐的索引质量，以资源间的一致性为指标，可以测定索引资源的标签向量而反映用户理解资源的程度[73]。标签推荐有两种来源：流行的标签和用户自己的词表。结果显示，以用户自己的词表做推荐可增加索引的质量，而使用流行的标签进行推荐会降低索引的质量。由此可见：用户标签在用户搜索自己的资源和被他人标记的资源时，能够提升检索的结果质量。K 提出了基于社会标签的个性化搜索与推荐的两个模型：潜在标签偏好模型（Latent Tag Preference Model），它能够反映特定用户标注的标签和系统已有标签的相似度；潜在标签注释模型（Latent Tag Annotation Model），抓取用户如何对与给定资源相似的资源标注特定的标签，其将用户在添加标签时的潜在偏好以及潜在标注特性反映在具体的标签项目中。实验表明，这样的模型方法在社交媒体服务的个性化搜索中优势显著[74]。

社会化标签系统具有广阔的研究前景，但目前对于标签使用的用户行为特征研究很少。社会性标签系统的根本目的是帮助用户找到有价值的资源，其用户的主要身份是信息搜寻者。当用户的信息搜索目的不明确或需要发现未知资源时，浏览其他用户添加过标签的资源对于其进行进一步的信息搜寻很有帮助。在社会化标签系统中，用户扮演着信息组织者和信息搜寻者的角色。用户在进行信息搜索时，更加倾向于多模式多策略组合的搜索方式，并且关联性浏览资源的数量远多于搜索性浏览[75]。可见，标签对于资源表示在用户的信息搜索过程中有很强的探索引导作用。

（二）基于标签的信息搜索行为

标签的用户行为研究主要涉及标注动机、用户认知、社会认同三个方面[76]。社会化标签具有平面性、宽泛性、个性化、社会性、动态性的特点[77]。针对用户使用标签的特性和规律，实证结果显示，用户在标注过程中会不断引入新的个性化标签，并使用少量的大众化标签对资源进行标注；不同的用户活跃度和资源受关注度对不同大众化标签的使用有较大差异，活跃度高的用户更偏向于使用个性化标签，当资源的受关注程度较低时，用户将更多地使用个性化标签[78]。有学者将影响用户标签使用行为的因素可概括为三类：用户因素、系统因素和资源因素。其中，用户因素是指会对标签使用行为产生显著影响的自身特质，包括标注动机、文化背景、知识储备等。系统因素中社会化标注系统中的功能与界面设计一起构成了用户进行社会化标注的环境因素。资源因素的研究集中于分析资源形态对用户标签使用行为的影响[79]。

社会化标注系统中，用户有两种典型的行为：标注资源和查找资源。在用户进行资源标注时个人意愿也不尽相同，因此其标注动机值得关注。有学者总结出用户的标注动机主要有信息资源的分类管理、分享、获取、引用、描述、观点表达六种基本类型。将用户的标注动机归结为两个维度：以方便自己对信息资源分类管理与发现过程的"利己"动机和以促进社群集体智能的"利他"动机。此外，用户动机被认为是随着用户标注资源的增加而演化，这一方面的研究还在继续[80]。还有研究着眼于用户的标注动机差异，结果显示，不同性别之间标注动机几乎没有差异，但不同年龄之间差异显著，年轻人对于新鲜事物的接受能力比较强。值得注意的是，参与标注系统时间较长的用户的标注动机明显强于参与时间较短的用户，其用社会化标签进行交流的动机也比较强[81]。

标注系统中的用户行为对于优化系统有指导意义，社会化标注系统的界面简单，设计风格成熟易用，这使得其主要的用户集中在大专及以下学历的中年人群体中。对于标签的选择偏好，由于数据不足，产生的差异不大[82]。Sens 通过对 MovieLens 推荐系统中引入标签功能，发现用户使用标签的积累、用户的标注习惯、其他用户的标签和系统的标签选择算法都可能会对用户选择标签产生影响[83]。该学者在另外一篇文章中指出，社会化标注系统中有以下五种信息行为：信息共享行为、信息组织行为、信息查询行为、信息交互行为、信息吸收与利用行为。同时，对科研用户群体进行实证研究，结果显示，科研用户对于标签的使用倾向不强，标签意识薄弱，使用标签的能力有待增强[84]。

标签在信息检索中的应用也很广泛，Yanbe 等利用标签数据对传统的搜索引擎进行改进，将基于链接的排名度量与使用社会书签数据推导的排名度量结合，增强了信息搜索功能[85]。Paul 通过大量的标签数据说明，社会标签可以提供当前未由其他来源提供的搜索数据。这个结果是在不受标签大小和分布的影响下得出的，可见，基于标签的信息检索研究非常有必要[86]。如何通过标签显著提升检索质量备受关注，其中用户的行为研究提供了可靠基础。

Cai 的研究中关注用户、标签和资源之间的关系，并基于标签构建用户和资源配置文件。在协作标签系统中，用户会形成不同的社区，对该行为的研究可用于增强协作标记系统的个性化搜索[87]。通过对豆瓣的实证研究，以识别用户采取的信息搜索策略及效率，发现使用不同策略用户的不同特征以及识别用户信息搜索途径的具体特征和形成原因。实验表明，根据资源的信息搜索方式最为普遍，但是使用标签进行搜索的效率最高[88]。

从资源特征认知难度和用户认知风格两方面分析认知对标签使用的影响。通过对国外 Movielens 和国内豆瓣电影两个社会化标注系统中的用户进行行为分析，通过用户的标注数据发现，认知难度对标签使用者的行为影响显著；相比于欧美等用户，国内用户在标签的使用上更为从众，说明认知风格对于标签使用也有显著的影响。这能够说明，由于个人认知限制，单个用户所使用的标签可能仅仅集中在对少量资源特征的揭示上；对于社会化标注系统而言，如果其用户认知风格较为一致，可能会导致部分资源难以被揭示[89]。

通过实证分析，从单用户、用户活跃度及用户社区三个角度出发对用户标签的主题鲜明性进行调查。结果显示：首先，大多数用户使用标签时主题模糊，主题极鲜明的用户较少。其次，随着用户标注资源数量的增加，标签主题鲜明性越强。最后，研究发现，用户社区中成员对少数主题认识程度相似，而对于大多数主题的认识差异性较大[90]。

四、信息搜索中的可视化研究

（一）可视化媒介在普遍语言检索环境中的作用研究

查阅相关文献，大致可将可视化信息检索的发展过程分为几个发展阶段。随着专家学者们对信息可视化在检索中的重要性认识的提高，以及不同时代的可视化技术、认知行为理论的发明创造，每个阶段关于信息检索可视化的理论或实践产物都有里程碑般的意义[91]。

首先，映射技术的运用，因检索结果的高维度及复杂性，可视化必须使用降维处理。如有学者通过聚类实现检索结果的实时可视化，并提出一种两级算法，将聚类中心投影到二维平面上，以便说明不同聚类之间的关系；有研究优化了信息检索的线性投影方法，即仅基于低维可视化坐标来检索输入样本的类似结果，并将输入与其类似结果分开，以此揭示数据特征和复杂数据相似性之间的关系。由于降维只适合小空间，于是有学者针对更大的空间，提出增加视觉链接来显示重要的语义关系，通过最小生成树算法和路径查找关联网络，对因子分析导出的散点图进行可视化，最后获得了积极的用户反馈。

其次，语义化检索的可视化研究。随着语义网的不断发展，语义化检索是信息检索的重点研究方向，语义的可视化表达成为新的研究内容[92]。例如，有学者提供了一个可视化和探索大型 RDF 数据集的工具——Visual Data Explorer（ViDaX），其自动交互式语义数据可视化和探索工具提供了基于数据类型的各种可视化，且不需要任何编程能力；有研究提出了认知处理和性质的基本机制，并基于此描述了可视化认知处理过程，以及基于用户的认知过程，开发了一种将交互式可视化集成到 Web 上的信息搜索和链接过程模型，使得交互式可视化成为

Web 搜索过程的组成部分；也有学者针对已开发的本体可视化领域，调查了四个具有代表性的本体可视化方法，并对此进行用户适用性的评估。

最后，多媒体信息可视化的检索研究。随着时代的发展，多媒体已占据了人们日常检索的大部分，但由于大量研究都是针对文本型数据，针对多媒体信息的可视化研究目前还比较缺乏[93]。有学者提出了以小型设备中的大量多媒体信息为基础，以用户为中心的浏览方式，用户能够根据两个以用户为中心的排序标准交互地重新排列大量信息，从而容易访问目标信息，并同时克服显示尺寸和信息重叠的问题，这种浏览器可应用于任何环境下的异构多媒体检索系统中查询结果的优化[94]；还有学者使用相似性函数理论知识来帮助用户找到更确切的图像搜索结果。

随着 3D 技术的发展，越来越多的研究使用 3D 可视化搜索结果。如有研究开发了具有交互式动画的 3D 界面，并允许用户控制如何显示视觉对象，对于促进空间知识检索具有重要意义；有学者提出了"信息空间"的概念，并利用与潜在语义索引（Latent Semantic Indexing，LSI）相关的技术从信息检索结果中产生信息空间，描述了用于可视化信息检索结果的原型界面实验评估，并建议进一步研究和开发用于检索结果交互的 3D 方法；有学者提出了一个 3D 图形数据模型，使用领域对象及其空间关系来模拟 3D 场景，用户可以提出涉及各种 3D 特征的视觉查询；有研究提出了基于混合 3D 形状描述符 ZFDR 和基于类的检索方法 CBR，以改进 3D 模型数据库的检索性能。

越来越多的普通人使用 Web 浏览器，因此许多学者就 Web 浏览器提出了针对性的可视化方法。例如，有学者提出了 VisGets，即一种基于在线信息的交互式查询可视化方法，它为信息获取提供了 Web 资源的可视概览，并提供了一种可视化过滤数据方法；有研究将 Web 原始数据映射到特定格式的数据，然后转化为视觉结构，从而提高 Web 信息检索效率；有文章描述了一种使用信息检索工具来索引和搜索密集本体的方法，即一种语义 Web 应用程序，以提高信息检索性能；还有学者提出了一种信息可视化模型 WebStar，用于二维可视空间中可视化超链接文档中的超链接，所有链接都投影在可视空间的可视球内，将指定的中心文档及其超链接文档间的关系在视觉空间中可视地呈现。

（二）可视化媒介在跨语言信息检索环境中的作用研究

随着信息技术的快速发展，信息资源的获取越来越便捷，允许来自世界各地、持不同母语的用户对非母语信息进行浏览、检索、共享，成为融合不同文化、促进国际合作的重要途径[95]。进行多语信息检索时，用户需要在母语和目标语言间进行映射和关联，而语言壁垒的存在却给检索过程带来了不小的挑战。

一方面，网络资源的多样性以及用户信息偏好的差异性增加了多语信息获取的难度[96]，歧义调用、一词多义等降低了用户对目标语言准确性的把握；另一方面，用户在跨语言信息检索中通常使用短而模糊的查询，对非母语信息制定合适查询策略的能力有限，这使得检索系统不能准确把握用户的信息需求[97]。

用户行为作用于信息检索全过程。用户的信息获取与个性特征、思维情感、检索能力等个人因素有直接或间接的关联[98]。因此，在信息检索中考虑用户信息行为因素具有重要作用。其一，运用现代化分析方法、结合用户信息行为因素对检索结果进行整合和排序能够为用户提供匹配度较高的结果推荐；其二，行为研究使检索系统的交互设计更加符合用户的检索习惯，可以提高用户的检索满意度。

在多语信息检索的特殊背景下，研究用户信息行为同样具有重要价值。一方面，由于跨语言信息检索中用户的年龄层次、文化背景和语言习惯都存在差异，除查询行为、点击行为等传统的用户信息行为研究外，用户的认知需求、个性化特征、情感因素等隐性信息行为特征也逐渐引入研究范围[99]；另一方面，跨语言信息检索的交互环境、语言环境在不断变化，用户信息检索需求的描述方式和呈现方式也存在差异，这些都会影响检索过程效率和检索结果质量。充分了解并掌握作用于跨语言信息检索的用户行为规律，并以用户为中心的系统设计方法对多语信息检索系统进行重构和改造[100]，可以改善系统界面的可操作性和易用性，为用户和系统的交互活动提供便捷途径。

互联网技术的蓬勃发展使人们摆脱了地域界线，可以自由地跨越国界进行信息交流。在信息交流越来越频繁的同时，信息资源的种类、表征形式及语言类型也变得越来越多样化。信息资源的多样化对跨语言信息共享产生了一些限制：一方面，各种文字的语言障碍会使检索耗费大量时间；另一方面，将不同语言的检索结果混合展示容易互相覆盖，从而造成混乱[101]。这些问题使得用户在进行跨语言信息检索时很难与检索系统进行有效交互，造成在线收集多语信息面临一定的困难。

可视化媒介对文字信息的表征使其在信息检索界面设计等方面起到了协助作用，用户在得到检索结果后，通过对结果的可视化聚类可以快速地把握总体情况[102]。同时，在单个文档结果中，当词义较为生涩时，用户可以利用可视化表征来理解多语文字[103]。基于可视化手段的跨语言信息检索是将跨语言信息检索和检索可视化相结合，利用可视化方法协助用户进行不同语言信息间的翻译、映射。该方法利用可视化认知来增加检索结果的可读性，使用户能够更加有效地找到所需的非母语信息，降低读者的阅读和语言学习门槛，减轻用户对多语文字的认知负担，提升检索体验。

本书基于可视化标注系统，即结构化图标标签的研究基础，分别从被共享知识视角和共享者视角出发，通过模拟实验和问卷访谈，追踪、分析用户利用该标签在多语知识共享中的行为特征，进一步揭示可视化标注系统在多语知识共享背景下相较文字标签的优劣之处，以及作为"翻译"媒介对语言壁垒的解决程度。最终，深化结构化图标标签和信息可视化理论内涵，为构建大规模新型标签系统和符合用户行为规律的多语可视化知识平台界面提供理论依据。

　　此部分研究，首先对跨语言信息检索和基于可视化手段的信息检索理论进行介绍。其次对基于可视化媒介的跨语言信息检索研究进行梳理和分析，其中包括可视化媒介在跨语言信息检索中的研究分类、存在价值、所起作用等。再次对可视化媒介在跨语言信息检索的查询输入、结果呈现及用户反馈三个环节的作用方式——论述。最后针对基于可视化媒介的跨语言信息系统在信息资源管理和医疗健康两个领域的应用实例进行描述及剖析，展示可视化工具对于跨语言信息检索的实践意义。该部分研究希望通过对国内外基于可视化媒介的跨语言信息检索研究进展的梳理和阐述，对多语言信息共享提供理论指导，为可视化方法与技术在跨语言信息检索系统交互设计中的充分应用提供参考。

　　跨语言信息检索一般有输入检索主题、得到检索结果和进行检索反馈这三个重要环节。用户进行多语信息检索时，往往会存在以下问题：①用户在提出检索请求时，会接触许多烦琐的、由各种语言（或不熟悉语言）表征的操作指令，花费过多的时间；②得到多语检索结果后，用户很难快速、准确地把握各类语言文档信息的整体情况和内容概要；③用户无法将多语检索结果的优劣反馈给系统。因此，以下将根据跨语言信息检索不同环节中可视化媒介对这些问题的改善方法进行逐一评述。

　　1. 跨语言信息检索中的可视化输入

　　跨语言信息环境中的检索可视化输入是指利用可视化映射方式对查询扩展及翻译进行可视化展现。检索的可视化输入使用户无须接触各类指令就可以直接提出检索请求，从而避免烦琐操作的学习。跨语言信息检索中的可视化输入方法可分为两类：一是使用图标或是可视化按钮取代文字的输入和读取；二是将相关语义的多语信息聚类从而便于关联检索。

　　第一类方法是图形化界面设计思想在跨语言信息检索系统交互设计中的展现[104]：使用图标或其他图形结构来替代传统文字型关键字输入。这种方式的基本理论是将源语言与目标语言信息内容间的映射转化成用户的图形认知与目标语言信息内容间的映射。用户通过图标、菜单、可视化窗口等方式跳过对查询信息在非母语语言下的准确关键词输入，直接利用图形的翻译作用而间接地输入所要检索的信息。例如，一位对英文不熟悉的中国用户想进入英国植物学信息系统搜索"松树"的相关信息，但却不确定松树的具体英文表达如何，就可以直接点击界面上的一枚松树形状的图标来进行相关多语信息的查询，避免了输入过程中的语言翻译。图形化符号的多语输入便于操作、直观性强，但有时因为不同用户对图形认知的差异性可能会导致语言可视化翻译的差别[105]，因此，需要在此基础上使用第二种可视化输入方法来确保跨语言查询的准确性。

第二类方法主要采用可视化映射，它是实现查询扩展以及翻译可视化的基本方式[106]。通过可视化映射将语义相关的不同语言、不同词汇进行呈现。比如，我们在检索框里输入"春天"，利用可视化的树形结构，可以将"spring""春天酒店"等与"春天"有关的多语信息聚类展示出来，供用户直接点击关联关键词进行检索。大多关于可视化输入的研究都是在映射方式的基础上进行发展和创新的。例如，在跨语言信息检索过程中，可将可视化模块与个性化检索机制结合[107]。个性化检索机制根据用户不同的背景、兴趣等提供符合个人需求的个性化文档集合。比如，用户想通过检索系统搜寻国内外文献，系统可以为用户提供书名、作者等多语言输入方式。检索完成后，多语检索系统可记录并将用户以前浏览过的不同语言、不同主题的文献以可视化表格的形式置于备选文本前方，优先进行查看。这种方式不仅可使检索的多语信息结果更加贴合用户的目标语言需求，而且可以提高跨语言检索系统的检索主题精确度，降低用户对非母语关键词输入准确性的要求。还有一种可视化输入方法名为 Cone Tree[108]。它是一种 3D可视化映射手段，将所有信息节点分布在一个立体空间中，每个节点与其子节点形成锥形分布。与普通的二维树形结构一样，Cone Tree 也可以将多语检索词及其翻译同步呈现。用户在进行跨语言信息查询时，可以利用 3D 立体特征清晰、直观地看到各个多语信息节点之间的关系，选择熟悉的语言关键词来进行检索，并进一步了解不同语言下信息的语义结构，增强用户体验感。

2. 跨语言信息检索结果的可视化呈现

跨语言信息检索结果的可视化呈现主要解决两个方面的问题：显示的内容（What）和显示的形式（How）。其中，显示的内容包括可视化后所表征的多语信息内容及信息间的相互关系，显示的形式则指具体使用的可视化形式[109]。跨语言信息检索结果的可视化可分为两个层次：单个检索结果的可视化和检索结果集合的可视化。

单个检索结果可视化是把单个检索结果作为可视化对象，通过可视化的映射将检索结果的主题、语种、结构等细节信息展示给用户，使用户快速、准确地把握文档信息。单个结果的可视化主要通过表格或图标的方式来实现[110]。比如，跨语言信息检索系统可通过表格的形式展示检索结果的内部结构信息。在翻译时，用户只需进行对自己有用的相关部分的翻译工作，而不必对整个文档进行翻译。另外，跨语言信息检索系统也可以以多叉树的形式呈现某文档内容的汇总信息，帮助用户了解该检索结果是否与自身检索兴趣相关[111]。图标的使用是对检索结果的主题进行图形化展示，通过直观的符号将多语文本中专业的、生涩的词汇、概念表征出来。用户利用某一检索结果的相关主题图标可以初步地了解该多语信息所涉及的大体内容，对最为相关的检索结果优先查看，而这一过程并不需要对信息所使用的语言做深入的学习和掌握。

检索结果集合的可视化是把多语检索结果的整体作为可视化的对象，将各种语种检索结果的总体情况以可视化的形式展现给用户[112]。一般来说，检索结果集合可视化的主要元素是树状图。例如，多语信息系统将检索结果的总体情况聚类，然后利用公共阴影或者线条将聚类结果以及相关检索结果间的关系展示给用户[113]。比如，当用户想要检索西班牙的足球比赛快讯时，检索结果中有西班牙语、英语、中文等表征的信息来源。可使用西班牙国旗和足球图标表征该类信息，并通过树形结构将这些信息联系在一起。用户可首先根据西班牙国旗和足球图标获得这一类信息检索结果，即西班牙足球比赛快讯，然后在该类别下进行目标语言信息（或是不同国家报道信息）的搜索和挑选。即使用户不了解西班牙语、英语的信息内容，也可以通过可视化结构了解他们与"西班牙足球快讯"这一类信息相关，从而进行筛选和浏览。

3. 跨语言信息检索的用户反馈可视化

跨语言信息检索的用户反馈可视化是检索系统和用户进行交互的过程：一方面，用户利用可视化方法，将自己的使用体验反馈给系统，有利于多语信息检索系统的改进和完善；另一方面，多语信息检索系统通过可视化的手段可将统计得到的关键词和检索频率等一些有利于二次检索的有用信息反馈给用户。

用户如何将检索体验反馈给多语信息系统是一直备受关注的问题。在基于可视化媒介的跨语言信息检索系统中加入用户检索的体验反馈，可以使检索系统不断调整检索功能和结果呈现方式来满足多样化的检索需求，获取更为准确的检索结果。目前，部分多语信息检索系统允许用户对系统界面进行可视化的自定义，通过对备选多语信息按照用户的检索习惯和检索历史进行重新可视化排布来满足用户的个性化需求，显化检索过程中选择频率较高的语言信息[114]。另外，用户对多语信息系统的反馈也可利用添加标签的方式来实现[115]。在已有检索结果的基础上，使用标签来评价检索结果的有效性或是检索过程的使用感受。为了避免多语表达的差异，通常利用图标或者图示进行标签反馈辅助。比如，用户觉得某个多语检索结果质量很高，可以直接点击检索结果后的大拇指形状的图标，表示对这次检索的满意度较高；同时，可以点击对应国家的国旗来反馈目前结果中没有的却希望添加的语言进行该信息的表征。

检索系统通过可视化的方法为用户反馈有用信息是用户与系统进行交互的一个重要方面。进行跨语言信息检索时，用户在一般情况下很难利用非母语语言输入准确的专业术语进行检索，从而导致查全率过低。因此，在检索完成之后，跨语言信息检索系统可以通过可视化的表征模式，比如树形链接方式，为用户反馈不同语言但与检索输入词近义的关键词或专业术语，以确保用户在二次检索中使用该备选集合来进行更为专业、准确的信息检索[116]。例如，北京大学在线图书馆提供跨语言检索功能，点击外文检索结果的图书封面图标可以对该书在各种语言下的书目信息介绍进行直接链接，并在该系统中进一步查看"相似图书"和"推荐购买"等信息[117]。这些信息中均包含了各类语言下的相关图书，满足不同语言学习者的需求。并且"相似图书"和"推荐购买"中的多语图书也都是以图标按钮的方式出现在界面中，确保用户即使在不能准确了解由非母语表示的书名的情况下也可直接点击对其进行查看。

4. 小结

综上所述，跨语言数字图书馆和多语医学药品系统分别在查询输入可视化、检索结果可视化、检索反馈可视化上利用可视化媒介来改善跨语言信息检索的检索过程和检索效果，在很大程度上提升了不同母语信息需求者间进行信息交流和信息资源获取的能力，展示出基于可视化媒介的跨语言信息检索的三方面优势。

第一个优势是对信息检索者语言能力要求的降低。无论是儿童还是患者，都可以无须提前了解各类语言的表达方式，仅通过可视化媒介的展示而把握所表征多语信息的内容。在这个过程中，可视化媒介成为一种翻译桥梁，对书籍内容或者药品信息进行符号化的映射。搜索用户可以直接利用图形化表征来进行信息的多语检索，即使是对目标语言内容不够确定，也可以借助可视化媒介进行确认和进一步理解，弱化了文字表征、文字交流在跨语言信息检索中的作用。

第二个优势是全面地展示各种语言信息检索的结果。通过树形图、表格或者图标可以将不同语言表征的同一信息或语义相关的信息进行聚类表征，检索用户可以从中直接挑选目标语言进行结果预览，也可以通过某一熟悉语言来发现、推测不确定语言下的信息内容。尤其当书籍有多个译本时，可通过可视化关联表征，迅速锁定原著语言以及出版信息；而通过人体部位的整体展示也可以了解到多个产地、多个语言使用说明下的药品都是针对哪一器官的疾病进行治疗。

第三个优势是跨语言信息检索系统交互的简化、直观化。用户可以无须特别地进入到各个语言模式下进行检索，也不用先去确认目标语言的准确表达方式再输入到信息系统中进行检索。仅通过可视化媒介理解相关信息内容和信息聚类来选择自己要进行检索的目标，或者是缩小检索范围。儿童可以直接点击图标选择自己感兴趣的各个国家、各个语种的书籍，而医疗工作者或病患也可以通过点击对应的人体部位来查询相关药品。这也是可视化媒介在界面设计中的重要优势于跨语言信息环境下的进一步体现与拓展。

　　这三个优势不仅是基于可视化媒介的跨语言信息系统在数字图书馆和医疗药品系统中的优势，同时展示出可视化媒介在各类跨语言信息检索应用中的潜能，比如跨境电商、社交网络等，进一步消除语言障碍所带来的信息沟通壁垒。

五、标签云

（一）语义结构化的标签云

　　由于标签之间具有语义关系，所以本节对多个标签同时出现时，如何利用标签云或标签系统中推荐标签的相关研究概况进行了梳理。标签群及其展示是建立有效标签系统的两个关键因素，能帮助用户更准确快速地找到合适的标签。因此，我们需要回顾前人对标签云中语义关系的应用研究，以便设计出更好的标签系统接口。同时，一旦标签的数量增加，标签云的语义结构还可以应用到更大的标签系统中。

　　Halvey 和 Keane[118]研究了不同排列方式对标签云和标签列表的影响，并比较了它们在寻找特定元素方面的表现。然而这些排列只包括随机顺序和字母顺序，并没有涉及语义结构。他们指出，参与者可以更容易、更快地找到按字母顺序排列的标签（列表和云）。Rivadeneira[119]按照以下四种排列顺序进行了简单的标签识别研究：字母顺序、排序频率的顺序（最重要的标签位于左上角）、标签簇的可视化组织顺序（范伯格算法组织）以及格式频率的顺序（最重要的标签位于垂直的标签列表）。结果表明，以上几种排列顺序在标签识别上无显著差异。但当参与者通过频率看到垂直的标签列表时，往往更容易理解标签的一般类别。

　　Hearst 和 Rosner[120]对标签云的组织进行了研究。他们提出，标签云的主要缺点之一是，具有相似含义的元素因为距离更近而被标记为具有重要的联系。

　　之后的研究主要关注标签之间的语义关系，并试图将这种标签云在文本中反映出来。Hasan - Montero 和 Herrero - Solana[121]指出，字母排序不利于视觉阅读，也不利于推断标签间的语义关系。他们发现，用户很难比较小组的标签并从语义关系中学习，物体之间的相似关系可能会产生歧义。因此，他们提出了一种算法，将类似的标签应用在对标签云的分组和组织中。该算法（K - Means）在语义上设置了相似标签，通过强调标签间的共现度来计算标签间的相似度。

Provost 也进行了相似的研究[122]。同样地，Fujimura[123] 也提出了用标签特征向量的相似性来度量标签的相似性（标签及其权重由一组标签文档生成）。基于这种相似性，研究者用标签间的距离代表它们之间的语义关系从而进一步计算标签的格式。

通过对语义结构标签云的经验评估，Schrammel[124] 提出与随机安排和字母安排相比，主题安排（语义结构标签云）可以提高特定研究任务的性能。考虑到他们使用的是简单的分组算法，所以我们希望在语义安排和更详细的程序方面可以取得更大的进展。然而，除非标签的语义排列被证明是更有效的，否则用户无法将其与随机规则区分开。因此，在保证排列质量的情况下，最好应用语义规则。测试参与者还指出，标签除了简单地在同一行中显示之外，其他排列方式很难识别分组关系。

（二）从标签云的可视化到标签系统的可视化

已有的研究为了提供更清晰有效的界面，对标签云的可视化进行了检查。Bielenberg 和 Zacher[125] 提出了一个循环条款，其中，管制的规模和中心距离代表了标签的重要性。Shaw[126] 认为，标签是一个图形，它们的边缘代表了它们之间的相似性。标签轨道[127] 是一个系统，它以隐喻的方式显示标签与它们的关系，并综合它们之间的信息。其中，每个关键的标签都放在中心，其他标签则与邻近的集群相关联。

其他的研究成果考虑了标签云中符号和视觉元素的重要性。Bateman[128] 和 Rivadeneira 一致认为，管制的规模、重量和强度是最重要的变量。然而由于这两项研究得出了不同的结论，所以标签位置的重要性仍然不确定。Bateman 等没有任何对标签位置的影响报告，而 Rivadeneira 等发现，左上角的标签比右下角的标签影响更大。

可视化是更好地表示文本的有效方式之一[129]。许多研究致力于如何使用视觉元素来提高搜索文本标签云用户界面的限制。因此，基于标签可视化的不同理论和目标，可以将标签云的可视化分为两类：可视化的文字标签和图形辅助的文字标签。

1. 可视化的文字标签

随着信息数量增加，标签云中所涉及的标签数量不断增加，而当标签数量增多时，想要从这些文字标签中快速、准确地查找到目标标签显得非常困难[130]。对标签进行可视化的改造可看作将一群标签中的某些标签特别显化的过程[131]。文字标签可视化的手段可分为四类（见图 2 - 1）：改变标签大小、改变标签颜色、改变标签字体粗细以及改变标签间的密度间隔。

图 2 - 1　可视化的文字标签云实例

改变标签大小指的是将一群标签中被点击频率高或者受关注度高的标签的字号放大；改变标签颜色指的是在原有统一为黑色的标签的基础上，将需要重点突出的标签的颜色加以改变，通常可更换为红色、绿色、蓝色等容易引起注意的颜色；改变标签字体粗细指的是对某些标签的字体进行加粗；改变标签间的密度间隔指的是基于对标签的语义分析，将相互间存在语义关联的标签排放在一起，并相较于其他标签更加密集[132]。

综合来看，改变标签大小和改变标签颜色是最容易实现的，也是最先被研究学者提出并应用于标签可视化中的[133]；改变标签字体粗细与前两者难易程度相仿，但由于计算机显示屏的差异，标签字体的粗细区别较小和颜色较低；而改变标签间密度间隔的方法相较于前三种方法来讲是最复杂的，因为它需要首先对标签的语义关系进行分析[134]。另外，前三类方法中标签的可视化是相对独立的，也就是说，对某个标签的大小、颜色或字体粗细进行更改不会影响其他标签的可视化现状[135]；相反，在改变标签密度间隔中，若后加入标签与现有标签的语义关系使得原标签群间语义关联发生变化，原来的标签排布和密度间隔也需要相应进行调整。

可视化的文字标签主要应用于标签云中。第一，为了保留标签的原本表达形式，使用户可以更直接地理解标签含义；第二，可视化手段主要是为了重点突出标签云中的某些标签，这些标签往往是被多次点击或者是当下最热门的搜索词汇[136]。比如，标签尺寸更大或字体更粗者代表这些标签相较其他标签更受关注；相近颜色或更靠近的标签间被暗示具有更强的语义联系。

大部分可视化文字标签构成的标签云都具有实时变更的功能[137]。具体来说，指的是标签的大小、颜色、字体粗细、密集程度会随着用户对标签点击率的变化而发生改变。用户通过浏览标签云中的标签，并点击感兴趣的标签得到与该标签相关的信息列表，进而从中选取目标信息条目。通过累加一定时间内每一标签被点击的次数（或频率），次数多（或频率高）者将被放大或加粗[138]。

可视化文字标签的第一个优势体现在可视化手段的易实现性上。无论是改变标签大小、颜色、字体粗细或是标签密集程度，都可通过单次可视化改造而达到，无须经过预先培训、复杂设计或是学习阶段[139]。它的简单实现和便于操作性使其在可视化目标简易的情况下，成为首选的标签可视化方法。可视化标签的另一优势体现在对文字标签原词语形式的保留性上，设计者无须担心可视化后的标签与原标签间表达上的差异[140]。

可视化文字标签也存在着一些弊端[141]。由于这些标签仅仅是在文字标签的基础上添加可视化工具而形成的，仅能根据大小、颜色、字体粗细和密集度的不同来区分不同标签的重要性不同，却不能反映这些标签间的语义关系[142]。尽管标签间密集程度已经试图表征标签间的语义关系，但仅限于比较简单的语义结构，一旦某个标签同时与多个不相关标签基于不同的信息视角产生关联时，标签间的密集程度就不能准确地表征这种复杂的聚簇方式[143]。

2. 图形辅助的文字标签

可视化的文字标签尽管可以对单个标签进行显化表征，但对于复杂的标签间语义关系却无法进行可视化[144]。图形辅助的文字标签是以可视化标签间语义关系为目的，通过一些图形元素的辅助来更加直接地捕捉到标签结构信息[145]。目前比较常见的图形辅助文字标签主要有两种情形：一种是利用线段将有关联标签进行连接[146]；另一种是使用图形阴影将有关联标签聚簇在同一图形形状内[147]。

利用线段将有关联标签进行连接指的是对多个标签间的关系进行语义分析，将其中有关联的标签通过实心线段连接，并且线段的长短表示标签间语义关系的亲疏：线段短的代表两个标签间所指代的内容语义关系强，而线段长则代表标签间语义关系弱。利用图形阴影对关联标签进行聚簇指的是根据语义分析将同属一个信息类别的标签用图形阴影圈在一起。当某些标签同时从属于不同的标签集合时，这些标签将存在于所属的两个或多个图形阴影的重叠区域。

这两种图形辅助的标签可视化方法有各自适宜的使用环境。当侧重于可视化标签的层级结构时，线段会更多地被使用，这是因为利用线段更容易将上层标签与下层标签的关系表征出来；当侧重于可视化标签的聚簇关系时，不同的图形阴影可以一目了然地反映出这些标签间的分类结构以及公共标签，而如果使用线段就会因线段数量过多而大大降低可视化程度[148]。

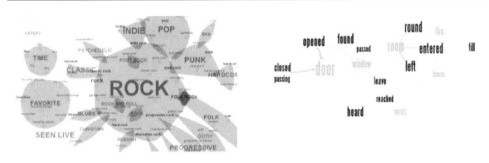

图 2 - 2　基于图形阴影的音乐系统搜索界面[147]

　　图形辅助的文字标签可视化方法的最大优势在于将文字标签所不能直接表征的标签间关系可视化地表征出来，这对于用户在大量标签中厘清标签结构、迅速定位相关联标签是非常有帮助的[149]。无论是线段还是图形阴影，都利用图形辅助工具将标签间的内在关系显化出来，避免了用户仅能通过阅读、理解标签内容而发现标签结构的单一方法，也大大提高了标签结构信息获取的准确度和速度[150]。

　　由于在这种可视化情况下，标签的表征形式仍然是文字，因词汇、语言多样性所导致的标签理解困难问题则仍有可能存在[151]。另外，线段、图形阴影均只能对简单的标签结构关系做可视化，即单一的层级结构和少量的公共标签[152]。一旦标签的结构关系过于复杂，仅仅用线段和图形阴影则无法表征出这种多层次的结构，就算表征出来也会因为线段、图形阴影的多重交错而大大降低可视化的程度[153]。

六、社会化语义网络与 Hypertopic 知识模型

（一）语义网

　　语义网环境下的知识组织架构。Tim Berners 在《美国科学》的一篇文章中提出语义网的概念，标志着语义网时代的正式到来。他指出，语义网将网络逐步转换为"良好结构化"的数据，从而使得机器可以理解这些数据并演绎成用户检索的响应，用以搭建网络与知识间语义鸿沟的桥梁。Tim Berners 将他所描绘的语义网概念通过语义层级蛋糕的方式来展示，如图 2 - 3 所示。在该层级结构中，每一上层层级都在下一层的基础上建立，自下而上的各级结构被逐步复杂化和具体化。

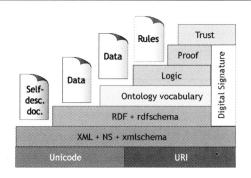

图 2 - 3   Tim Berners - Lee 语义网层级蛋糕

最初的层级蛋糕是通过网络技术（Unicode 和 URI）和 XML 语言来共同构建的。然后，层级蛋糕逐渐发展为由 RDF 这种直接的图形模型来描述。利用 RDF "词汇" 描述的各层内涵与特征更加普遍适用于计算机和网络系统的建立。同时这些层级可以被单独创建、单独标准化而互不影响。在语义网的各个层级当中，本体论（Ontology Vocabulary）对于知识组织模式的创建有着最为深刻的影响[154]。作为认知科学和人工智能领域中知识表征的主要语言，本体论旨在以通用的心理表征物或哲学中既定的知识类别来最大化共享地描述各种概念，并以一种传统的方式来管理非精细化语言。有关本体论的研究在情报学领域长期占有非常重要的位置[155]。

近 10 年来，语义网的各层级结构尤其是本体论层被不断完善和标准化，自逻辑层以上的上层层级结构仍然不够清晰。同时，语义网强调本体论中固化的知识组织构建方式也在某种程度上限制了知识组织的动态适应性，可是一旦语义网中的知识架构被定义，就很难再次根据不同参与者的不同理解被灵活重组。

相较语义网的标准化发展，网络搜寻技术通过引文分析得到了突破性进展。该技术由用户自己产生结构简单而非知识工程师所提供的形式化内容，并由用户自身的解释模型来丰富知识文本结构。其中，最有代表性的就是 Web2.0 和社会化标签工具。

Web2.0 最早由 Tim O'Reilly 提出[156]，相较之前的网络模式更加注重用户间的交互作用，它认为用户既是网站内容的消费者（浏览者），也是网站内容的制造者。而大众分类法（Folksonomy）则适用于 Web2.0 的以关键字进行网络知识组织的协同方法[157]。大众分类法使传统分类法摆脱了固化的现象，建立群体用户与知识间的认知桥梁。同时，随着 Web2.0 的兴起，社会化标签（Social Tagging）逐步走进人们的视野[158]，改变了人们对信息的接收和使用方式。当标签被应用于各类知识组织系统界面时，它通过专家和参与用户对所标记内容的关键字式阐述，为后来用户提供有效、便捷的知识检索通道。

相较于语义网中知识组织的形式化模式，大众分类法和社会化标签的应用，使得用户的参与、解释对于知识组织的影响越来越大。然而，将知识组织构建完全依附于社会化标签的问题在于标签词汇过于分散和多样，不便于知识的聚集和进一步确认其组织结构。考虑到语义网中的知识组织模式和社会化标签的知识组织模式，社会化语义网的出现为二者的结合共存提供了可能性：吸收语义网的标准化组织特征并鼓励用户对知识文本间联系的协同共建。

（二）社会化语义网络与 Hypertopic 知识模型

尽管语义网层级结构的最终目标是要构建 Trust 信任层级，但现有的对语义网的研究很少涉及网络的社会层面的讨论，这使得怎样在 Proof 层级和 Digital Signatures 电子签名的基础上构建信任层级成为下一个网络环境下知识组织模式的探究问题。"利用集体智慧"是 Web2.0 思想中的一个主要特点，无论这种集体智慧是来自科学论证[159]、商业界[160]还者是大众智慧[161]，都可以构建一个分享平台来表达不相同甚至矛盾的观点。在 Web2.0 中，集体智慧可以通过追踪用户对某一信息资源或是其他用户的评价而获得，例如，在博客上上传文本，在 Wiki 里编辑一段对话页面或者是使用任意关键词对某一信息进行标记。这些活动的进行需要信任的支持，并通过社会化的构建而逐步完成。因此，社会化语义网正是在语义网标准化构建的基础上添加 Web2.0 思想，将用户的个性解释附着于知识组织当中，通过不同的观点对知识文本进行组织构建，从而逐步完善语义网中的上层层级结构。

和语义网的分层结构不同，社会化语义网通过三类用户和社会化情景来进行构建[162]：

（1）文本。这里的文本指的是被分享管理的信息资源的文字描述形式。这些文本可以被看作信息资源的证明，这种证明并不是数学上的证明而是等同于判断证明。通过这些文本，所要管理和分享的信息资源可以被保存和移动。

（2）解释说明。信息资源文本的作者和阅读者可以根据自身理解，对其进行解释说明。这不同于语义网中单一化的语义解释，同一文本的解读可以随着解释者的不同而不同，并相互共存。

（3）协调。由于不同用户可以同时对同一文本进行解释说明，这一过程中必然存在着解释冲突，而社会化语义网正是通过对这些冲突的协调管理，使得文本解释多样并合理共存。

社会化语义网是知识工程和计算机支持的协同工作（Computer Supported Cooperative Work，CSCW）共同需求的结果[163]。在知识工程领域中，越来越多的研究关注电子文本的管理，由文本所涉及的指代内涵越来越丰富。相较原有的标准模型，例如词典、主题地图[164]，社会化语义网将在扩展知识组织涵盖方面提供支持。另外，在 CSCW 领域，大量有关文本和信息资料的协同活动发生，这些协同活动并不是简单的数据管理而是社会化、交互化的构建行为[165]，因此行为者需要使用更加松散的方法和工具来进行自我描述、协同构建地图、表征冲突、对比观点等与文本相关的活动。在这两类研究领域中，用户的解释说明都被认为是一种管理知识的实用性方法，由此可见，无论在知识工程还是 CSCW 领域，都需要一类更加符号化、实用化，并更加依赖于用户和社会情景的网络。

通过对比语义网和 Web2.0 的研究评述可以发现，社会化语义网是一种结合二者特征的网络形式。一方面，由于语义网和本体论中语义关系由传统的哲学定论所规定，知识组织的构建相对比较形式化、标准化，而这一特点并不适应网络环境中信息多样性、用户理解多样性的发展趋势。同时，语义网的进一步发展仍然需要对上层层级，诸如 Proof、Trust、Logic 层级的详尽说明。另一方面，Web2.0 和大众分类法的发展，强调了用户标记和社会化标签的作用，然而由于缺乏上层调控而导致标签在语义上的分散和冗余，也不利于网络环境下知识的统一管理和二次检索。因此，社会化语义网是介于语义网和 Web2.0 之间，既遵循本体论中的普遍语义关系，又允许用户持自身观点对知识组织进行解释、标注，最终对语义网的上层结构进行丰富、完善的网络形式。

1. 基于社会化语义网的知识组织模式

社会化语义网中的第一要素即文本，这些文本是对所有要进行分类管理的信息资源的统一文字描述。这一思想也反映出存在于现实中的任何有形和无形的对象都可以通过知识表征的方式将其描述出来，同时对这些对象的管理可以转换为对相应的描述文本的组织管理。因此，社会化语义网中知识组织的构建方式实际上是对反映内容概念的知识文本的组织模式。另外，由于社会化语义网强调用户的协同参与和解释说明，对知识文本的表征可以相应地分为随着社会化解释而改变的部分和不随社会化解释而改变的部分，这里分别称为知识主题和知识特征。以下内容将分别从如何识别知识主题和知识特征、知识主题社会化、知识特征分面描述三个模块来阐述基于社会化语义网的知识组织构建方式。

（1）知识主题和知识特征识别。从目标上来看，知识主题和知识特征都是为了具体描述知识文本，并制定相应的知识文本组织结构而存在的。而从本质上讲，二者又因为产生方式的不同而有所不同。知识主题指的是会随着用户个性化解释说明而发生变化的知识描述符；而知识特征却不会随着用户个性化解释说明而发生变化，并始终适用于该知识文本的知识描述符。例如，某一知识文本涉及交通运输经济的相关内容，对应的知识主题可以是"城市规划"，而不同的用户可以根据自身解释认为知识主题也可以是"国民经济"或者其他的描述符。这些知识主题都可以用来描述同一知识文本，并无对错之说，只是随着用户在不同观点下的解释不同而产生差别。相反，涉及该文本知识特征"信息发布时间"却只能是唯一的"2010年"，不会随着用户的不同观点而发生改变。因此，知识主题和知识特征可以从是否随着用户解释不同而改变这一标准去识别。

在原先的知识组织模式中，无论从知识主题抑或知识特征，都可以对知识进行组织构建，并指导搜寻某一知识文本。亦即通过"城市规划"或者"2010年"都可以与该知识文本连接。因此，在语义网中并不需要对知识主题和知识特征进行分类识别，一旦知识组织架构中的主题和特征被确定就不会再发生改变，也就是说，如果构建过程中并未将"城市规划"和"国民经济"连接为同一知识组织类别，那这两类知识描述符将永远不会被划归为相关联的知识范畴中。

由于社会化语义网中强调用户的协同参与和个性化解释，所有知识描述符将不再是同等级别，而是根据有无协同化特点被划分为知识主题和知识特征。对于知识主题而言，要进一步讨论由于用户参与式解释说明的存在所可能发生的相互连接关系。也就是说，要讨论如何通过一个新的节点将这些原本毫无关联的知识组织类别统一起来，并动态地在不同的知识组织需求下灵活重组。这一过程也是后文将要阐述的知识主题社会化过程。它不再是语义网中形式化、固定化的组织结构，也不是社会化标签中完全没有限制的组织结构，而是依托于语义结构的动态的组织模式。另外，对于知识特征而言，由于并不随着个性化解释而不同，这些知识描述符将以罗列的方式客观地存在于知识组织结构中，我们将在后文详细阐述知识特征的组织模式。

因此，对社会化语义网环境下的知识组织构建，要辨识知识描述符中的知识主题和知识特征，从而进一步丰富各个描述符而最终达到构建用户参与模式下的知识组织模型。同时，辨识知识主题和知识特征的另一个优势在于精简了知识组织结构。传统的语义网中分类结构是混合知识主题和知识特征，二者共同存在于分类目录中。而社会化语义网明确将二者分离，仅将知识主题作为分类目录，但用户仍可在知识特征类别下浏览、搜寻相关知识文本，这在一定程度上对分类结构进行了改良，避免了大量繁杂类别所导致的目录功能弱化现象，从而更加有效地丰富了知识的组织结构，突出主题信息。

（2）知识主题社会化。社会化语义网络中一个很重要的特点是在原有语义网的基础上强调了用户的理解和各种理解间的协调，即社会化语义网的第二要素和第三要素。在语义网中，无论是知识主题还是知识特征，一旦相互间的语义关系被定义，所有知识描述符将始终保持这种组织结构或是遵循该语义关系在每一分支结构中添加新的知识描述符。而在社会化语义网中，由于知识主题可以根据用户的解释说明而发生变化，也就是说，不同用户的不同观点下对知识文本的理解可以导致知识主题间的关系发生变化，而这种变化并非严格的要遵循所定义的语义关系。打个比方，汽车的文本化知识的分类按照颜色可以有黄色、蓝色、红色三种条目（三支知识主题），按照车型也分为两厢和三厢两种条目（两支知识主题）。根据严格的语义结构，一辆黄色的车和一辆两厢的车是没有直接的语义关系的（不是同一辆车）。而如果，某一用户通过个人理解认为这两辆车都是好看的车，那么"美观"这个自定义知识主题就将两个原本没有语义连接的知识主题社会化语义连接了。所要指出的是，这种强调用户解释对知识主题社会化的概念仍然承认原有的语义网的组织结构模式，不同的是，这种结构可以随着用户的不同理解而产生改变。

将知识主题社会化的过程实际上是为不同知识背景、不同信息需求的用户创建新的知识组织分类结构。在这个模型中，规定分类结构的最高一级是用户观点，它与用户直接相联系，紧接着用户观点的二级目录是每个观点下所可以产生的知识主题，这里的知识主题我们称为基础主题，而在每个基础主题下又可以继续发散产生更深一级目录，称为子主题。通过这些不同的观点，用户可以从中挑选自己偏好的视角去对某一知识文本进行分类组织标注。例如，有关建筑学方面的分类结构，用户观点可以为"建筑风格"和"建筑用途"，对于第一个用户观点下设的分类目录可以是"巴洛克""哥特"等，而对于"建筑用途"可以跟随的基础主题可以是"旅游""民用"等，接下来如果还要继续添加主题，可以进一步细化，比如"15世纪巴洛克""16世纪巴洛克"等。

知识主题社会化必然导致知识组织构建过程中会有冲突的产生，那么就需要对这些冲突提前预测并使得组织结构能够自动适应冲突的发生，这也是社会化语义网的第三种要素"协调"所涵盖的内容。在知识主题社会化中可能会导致的冲突可以分为两类：

1）不同用户从不同观点去定义某一知识文本的知识特征。在这种冲突中，原有的知识主题、知识特征组织结构并未发生改变。也就是说，用户基于不同视角下对知识文本的解释并不会影响对方的理解，而仅仅是以社会化标注的方式丰富了对某一知识文本的组织模式。例如，对于一个教堂所涉及的文本化知识，一个用户可以以"建筑风格"的观点去认为它的知识主题是"巴洛克建筑"，另一个用户可以从"建筑用途"的角度定义它的知识主题为"旅游"。而这两个知识主题间本身并不存在严格的语义冲突，可以同时从不同的方面对同一知识文本起到解释说明的作用。唯一相对于原来的语义网组织结构的区别在于，语义网中知识间的组织关系依据严格的语义结构，而社会化语义网中知识间的组织关系可以通过不同的观点而灵活地发生连接。因此，这种冲突可以称为"弱冲突"，通过在知识主题社会化过程中表明观点的不同而协调。

2）不同用户对现有的知识主题与观点、子主题与基础主题间的组织结构不认同。在这种冲突中，各个用户对由观点所引起的知识主题的组织结构产生了不同的认识。例如，有关"可再生资源"的知识文本原先的语义组织为"环境层面"—"能源"、"经济层面"—"循环经济"的两个分支的观点—主题结构，而某个用户通过个人理解认为"循环经济"应该是"环境层面"观点下的知识主题，那么该用户的解释说明就与认可原语义结构的用户发生了冲突。而对于一个知识组织架构来说，知识主题社会化只是丰富知识组织模式，服务于持各种观点的用户进行知识检索，而非彻底推翻原有语义关系，使组织结构对立。因此，社会化语义网对这种基于知识主题组织结构的冲突的解决办法为开创"我的观点"这一方法来协调。也就是说，用户可以在"某某的观点"下定义新的基础主题、子主题，并重新定义个人理解下的主题组织结构。申请创建的"我的观点"中的组织结构仍然要在哲学层面符合语义网中的逻辑关系。需要说明的是，用户如果是对原有知识主题结构中建议添加某一主题来丰富该分支，只要并未与原组织结构发生冲突的都可以直接申请而添加，无须创建"我的观点"。

可以看出，相较于语义网中的严格语义结构，社会化语义网中的社会化因素，即用户观点，将原有的固态分类结构改善成为一种灵活可变的动态结构，用户可以根据自己的理解对知识文本的主题进行补充更新，同时不影响原有的组织结构。社会化语义网中的知识组织结构通过各种用户观点联系在一起，当某个知识文本与某个知识主题所匹配，它就会被分类至这个主题目录下。但这种匹配工作并不是由单一语义所规定的，每个用户可以根据自己的理解将知识文本与多个对应的主题匹配，这样就会发生一个知识文本出现在不同的主题分支下的情况。这种由用户观点所决定的知识组织模式也避免了不同用户间的理解冲突问题。每个用户使用社会化的方式来标注知识文本，这些社会化知识主题可以是来自不同用户观点的主题，也可以是同一用户观点的不同基础主题，甚至可以是同一基础主题的不同子主题。这使得知识文本的组织呈现一种网状结构，同时这种组织结构也服从语义网中的语义关系，并非社会化标签那样缺乏上层控制。

（3）知识特征分面描述。知识特征是不随用户解释说明不同而发生变化的知识描述符。不同于知识主题会根据用户看待知识文本的观点、角度不同而产生多种合理存在的知识描述符，知识特征仅仅是对知识文本所反映的事实的客观阐述，一旦知识文本确定，知识特征也就相应确定。

在社会化语义网环境下，知识特征通过借鉴分面分类法的表征方法而被表征。每一特征被相应地分解为特征名称和特征值，同一特征名称可以对应一个也可以对应多个特征值，但这些特征值间是相互独立、互不包含的关系。每一个特征名称可以被认为是分面分类中的一个组面，通过确定该知识文本的特征值而确定该文本隶属于哪一分面组别里。例如，对于一篇有关"交通运输经济"的知识文本，它所具有的知识特征可以是"创建时间""创建者""字数""浏览次数"等。针对每一个特征名称，可以分别对应一个或多个确定的特征值，同时，基本上用户对该值达成统一认识。

知识特征的客观确定性是相对于知识主题而言的，并非一旦确定就永远不再改变。在以下两种情况下知识特征允许发生变化：

第一种情况是特征名称需要更改、增加或删减。这种情况的发生代表着原有的知识特征名称分面结构已不再全面地反映被囊括知识文本的描述方式。例如，针对上面所举的例子，有关"交通运输经济"的知识文本除了"创建时间""创建者""字数""浏览次数"这些知识特征外还可以通过该文本的发表国家、依托的项目名称、文本的类型等分面组别描述；又或者"字数"这一特征名称并无实际意义可以被删除；更或者"创建者"这一名称可以更改为"贡献者"更为贴切。在这种情况下，知识特征分面结构可以根据实际需要进行完善，通过改变知识特征名称来做出调整。

第二种情况是对特征值进行丰富。这种情况的发生代表着某一特征名称所对应的可选特征值或已经被选取的特征值不能够完全描述所表征文本。特征值的选取有两种方式：一种是之前同一特征名称已被知识工程师或其他用户用过的特征值会自动添加至特征值列表，那么后来用户进行操作的时候可以直接从该列表中进行选取，挑选适合的特征值；另一种是知识工程师根据文本的实际情况直接确定对应的特征值。那么在这两种方式下，都可能存在已存在的特征值不足以满足现有文本的需求。例如，针对上面所举的例子，有关"交通运输经济"的知识文本在"文本的类型"这一知识特征下对应的特征值是"研究报告"，而实际上该文本也是某一期刊上的发表文章，因此可以在特征值上添加"期刊论文"，两个特征值间并无相互包含关系，也不冲突。

2. Hypertopic 知识模型

知识特征的确定和完善对于社会化语义网的知识组织结构是一个有效补充，可以将知识主题中所不能反映的文本信息通过特征值罗列的方式进一步说明。这也使得知识文本的筛选、检索不仅可以从观点和知识主题出发，也可以通过选定知识特征名称和感兴趣的知识特征值来确定。知识工程师需要根据网络的特征来设计更加合适的分类标准，"社会化语义网"就是其中的一个例子。社会化语义网是协同知识管理[166]的具体体现，区别于语义网，社会化语义网不考虑形式化的语义本体，而是感兴趣于依赖于人类主题和抽象有机体的语义本体。实际上，社会化语义网是通过三类人类和社会现象（文档、解释、主体间性）来讨论语义网的上层结构（逻辑层、证明层和信任层）的，这与 Berners 所提出的语义网概念并不完全重合。从某种角度讲，社会化语义网中所提到的用户解释与社会化标注模式相类似，却不属于同一分类范畴。用户和知识工程师可以一种半受控的方式为知识和文档添加标签，这些标签是预先结构化的而非完全"社会化"的。

Hypertopic 正是在社会化语义网模式下发展起来的一种知识模型，它通过主题、特征和附件资料来描述某一知识条目（见图 2-4）。对于任一知识条目而言，都可以有多个主题来共同确定该知识所涉及的领域，同时这些主题又可能与某个用户观点相关。也就是说，这些隐含的观点代表了不同用户的不同信息目标。特征和它所对应的特征值也为知识条目提供了那些不能被用户观点所修改的补充信息，它们以特征名和特征值的形式成分面结构出现[167]。附件资料则是补充主题和特征来形象地描述知识条目的工具，例如图片、URL 或支撑文档链接等。

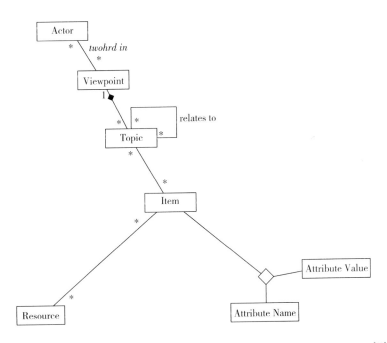

图 2-4　Hypertopic：一个通过主题，特征和资源来进行知识构架的模型[28]

Hypertopic 提供了一种基于主题的分类方法，强调用户观点对于知识分类的重要性。图 2-5 是 Hypertopic 的另一种更加强调知识全局结构的形式。两个知识条目可以依据用户观点的不同，动态地发生连接。例如，博物馆 1 和博物馆 2

在"功能、价值"观点下属于教育地点主题，而在"建筑风格"观点下，二者分为两个不同的主题组，一个是巴洛克风格主题组，另一个是哥特风格主题组，同时，此主题下还可以有更深一级主题，比如"15世纪巴洛克风格""16世纪巴洛克风格"等。这种强调用户观点的分类方法为知识组织系统中的知识条目提供了更加灵活的组织形式，某一条目的相关主题会随着用户新观点的产生而发生变化。这也是多用户协同参与知识分类的体现，可以在用户偏好的观点下进行搜寻和知识添加，甚至在不改变现有结构的情况下创建全新的观点组别。

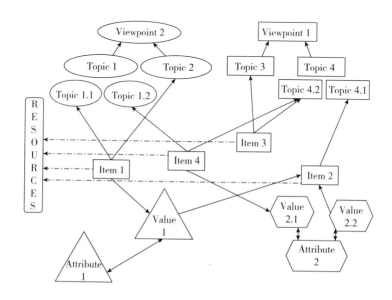

图2-5　偏好于以主题和特征为基础的条目间关联的 **Hypertopic** 模型

另外，Hypertopic从主题和特征的角度为标签管理建议了一种有效的分类方法。无论是主题还是特征值，都可以为知识条目的分类推荐预先设定好的文字标签，这些标签使得用户通过这些来自主题和特征的文字标签对知识进行标注，也即基于Hypertopic的知识标注方法。对于每一个主题或者特征值来说，都可能存在多个可能的文字表达方式，包括多种近义词、多种语言。在我们的研究中，把这些文字表达方式看作一个主题标签或特征标签的集合而讨论标签的语义结构，这样使得标签结构可视化方法的分析被简化和清晰化。所有的主题标签以树形结构排布，并将观点看作"父亲"节点，一个主题标签可以跟随多个二级主题标签；特征标签以分面结构呈现，将特征名看作端点，各个特征值是不同的组面。当所有由Hypertopic产生的预设文字标签被同时展示却又不指明从属与哪些主题和特征组别时，文字标签间的语义关系并不足够明显，尤其在用户对这些标签内容不够熟悉的情况下。因此，在 Hypertopic 对文字标签进行分类的基础上，研究如何更加合理地表征这些标签的标签内容和标签结构就成为本书的重点研究内容。

这一方法也可运用于基于 Hypertopic 的信息标注，用户通过主题和特征来对知识与信息进行辨识。然而在目前的应用中，这种基于 Hypertopic 的标注仍然以文字标注为主。当来自各个主题和各个特征值的标签被同时以文字形式展示时，标签的表达会因为同义词以及语言的限制而显得不够准确和清晰。

因此，下一章将介绍图形表征和图形化认知的相关研究，用以了解如何改善文字信息表征。同时，从这些关于计算机系统的可视化标签的研究中可以提炼出对研究有益的概念。

第三章　研究现状（2）

——图形表征与图标认知

在本章中，我们将继续在人机交互（Human Computer Interaction，HCI）框架下介绍相关研究。人机交互是标签及其结构可视化的重要组成部分。由于我们正在开发的系统是一个标志性的标签系统，因此我们侧重于图像表示的工作，特别是图标及其符号和图形特征。最后以"视觉知识工程"为例来说明其相关应用。

一、图形表征

人类思维会对不同渠道处理的信息产生不同的表现形式，所以，双编码理论的研究中假设视觉编码和口头编码的处理方式不同，两者各自沿着不同的通道进行。视觉编码和口头编码常被用于知识信息的组织，可以对其进行监视、存储和检索，以供将来使用。此外有证据表明，若相关的视觉信息可以同时显示，或参与者可以想象视觉图像与语言信息同时使用，那么语言信息的存储就可以得到有效改善。同样，如果将视觉信息与相关的语言信息结合，视觉信息往往也可以得到强化。本书从根本上说明了视觉表达可以增强文本的解读。为此，我们将继续深入研究前人在图像表征方面的工作，从理论和实践两个角度对文本的可视化进行改进。

20 世纪 60 年代，Arnheim[168] 和后来的研究者 Webb[169] 都阐述并比较了图像和参考材料之间的不同关系。在例证的基础上，区分了图像或例证、符号和简单符号三种功能。Arnheim 提出图像本身并不具有什么功能，但可以用来表示这三种功能中的任何一种，并且通常同时用于多个功能。如三角形可以是危险的标志，一座山的形象，或一个等级符号。所以，我们需要了解不同的图像如何通过这三种功能来执行。

首先，图像是说明，因为"它们以低于自身层次的抽象方式进行描述"。它们在展示本身的特质——形状、颜色、运动——与所描绘的物体或活动相关。

其次，图像是符号，因为它们具有非常抽象的图像所提供的符号功能。根据Rudolf Arnheim 的说法，"抽象是一种解释图像所代表事物的方式。例如物理学家所描述的箭头代表了力的相关特性，即强度、方向、意义和应用点。同样地，音乐等级也代表符号方法的一部分"。

最后，简单符号函数中的图像指的是特定的内容，而不考虑其视觉特征。代数中使用的字母接近于纯粹的符号。在这方面，图像作为一种简单的符号只能在间接媒介中使用，因为该图标仅能按照指令的要求运作。"它们并不相似，因此不能用作规定的媒介，例如我们谈论加密或口头语言（也通常作为符号型媒介）。"

Gombrich[170]在研究中强调，视觉符号识别是一种基本活动（使用记忆，如空间形状、对象或配置目录）。他分析了正确解释图像语境的关键作用，并使用Karl Burhler 提出的语言分割方法来区分表达功能、唤醒功能和描述功能。当他告诉我们谈话者的感受时，他的发言被认为是具有表现力的（例如，他的语气是生气或高兴的信号）。同时，他的语言可以用来唤醒接受者的特殊情绪，如愤怒或高兴的信号。在这种情况下，必须明确区分情绪表达（指数）和反映（信号），因为这两种情绪的解释是不同的（传播者的愤怒指数不一定是接受者的同情信号）。语言的第三种功能是描述功能。Gombrich 指出，视觉图像与文字相比并不合适于描述。

了解多语言系统中图标的语义功能有助于增强我们对图标的认知。图标通常需要简短的标题，并以文本（选项）作为补充。如果还有其他图标，则对图标的解释取决于其他图标的上下文。描述性用法在所有用户没有显式共享上下文的情况下尤其如此。符号学还有助于更好地设计符号图标，以增强其与特定文化中的最终用户的认知相关性。

二、图标分类研究

图标分类方法的相关研究自图形化用户界面提出之始就被涉及，它是为了弄清在信息系统交互过程中图标所起的作用，并且尝试找出这些不同外观的图标所具有的共同属性，从而基于这些共同属性构建多样化的、以图标为核心的图形化用户界面。在近 30 年中，图标分类方法研究已经被探索并逐步改进，逐渐形成了三个不同分类标准下的方法体系，每一体系中都由不同的研究学者提出了相关的图标分类方法。尽管每一体系下的各种分类方法基于不同的理论基础，但它们由于分类标准的重叠逐渐建立了一个完整的分类法分支。这一部分我们将分别从三个标准一一阐明图标分类方法的发展现状。

（一）基于物理外观的图标分类法

图标分类法的研究起始于 20 世纪 80 年代到 21 世纪初，其中，基于物理外观的分类标准是所有分类法中最被广泛接受且历史最长的方法。这里所说的图标的物理外观指的是图标的表示法和所指代对象间的关联。物理外观是图标分类方法研究中第一个被提出的分类标准，在其基础上依次派生出一系列相关的分类理论。尽管这些分类理论中的各类图标的类别名称不尽相同，但均暗示了在分类方法中主要参考了图标符号与所表征对象之间的关联关系。

追溯到最早 Lodding 提出的图标分类方法，其共提出了三个类别范畴，即具象型图标、抽象型图标及任意型图标。具象型图标被定义为利用具体实物来表征对象的图标。例如，一幅汽油泵的图像就可以代表一个汽油泵。抽象型图标是用以解释含义的图标而非对象本身进行表征，例如，一幅碎玻璃的图像代表"易碎的"。任意型图标则指的是在某些约定下进行创造和设计的图标。

1986 年，Gittins 和 Gaver 两位学者发表了有关图标分类的研究论文。Gittins 提出了基于形式、类型和颜色的图标分类，并主要关注图标的形式。在 Gittins 的分类方法中，图标被分为两大类：关联图标和关键图标。Gittins 将关联图标定义为一种不仅可以使用户辨别图标所代表的对象，而且可以推断出它们的属性的图标类型。Gittins 以一幅文件盒和箭头表示邮件传输的图像作为此类图标的例子。关联图标又被作者进一步分为文字图标和抽象图标，但并未对它们进行详细的解释。关键图标表示那些提供了来自表征对象的认知暗示图标类型。关键图标又被分为记忆型图标和任意型图标，记忆型图标可以通过文本推断出其意义，例如，断头台就可以代表"死刑"，而任意型图标却不能。

另一篇研究论文在同年（1986）由 Gaver 发表。Gaver 提出了图标的三种类型：常用的、象征性的、隐喻性的。他定义常用图标指的是能够和对象具有精确关系的图标；象征性图标与对象间具有任意的关系，需要学习和理解；隐喻性图标则运用图标的特征来表示一个整体，例如用刀叉表征饭店。

一年之后，Lindgaard 通过一个简单的标准对图标进行了分类，将图标分为抽象的图标和描述的图标。描述的图标与它所表征的纯象形文字对象非常相似，而抽象的图标则正好相反，它是一系列纯粹的符号。除了这两者之外，他们还创造了第三种图标类别，混合了那些既有抽象性又有描述性的图标。

1989 年左右，产生了三个重要的图标分类方法研究，尽管它们都以一种全新的分类名称呈现，但本质上还是和之前的分类方法一样，基于图标与所表征物间的物理联系。Rogers 提出了一种利用图标的功能和形式进行分类的方法，同时，她还讨论了用户在执行一个任务时如何利用基于图标的界面来获取信息。Rogers 的研究确定了四种图标类型：相似型图标、示范型图标、象征型图标和任意型图标。其中，以国际路标中的落石为例描述了相似型图标是利用图标与被表征物的类似性来展示它们的基本指代目标。示范型图标是指图标仅显示一个对象最核心的属性。例如，刀叉是用来表征餐厅的示范型图标。象征型图标是一个通过图标来传达比图标本身更高抽象级别的潜在含义，例如，用一幅破碎的酒杯图标暗示易碎的概念。抽象型图标指的是与其图标指对象并无直接联系的图标种类，例如由科学家独创的生物危害标志。

一个有关图标分类的研究出现在 1998 年。这个命题建立了一个以符号原型、符号排布和符号形态来进行分类的评价系统。该研究发现，三种不同的图标类别可以分别被命名为有形图标、抽象图标和象征图标。通过该理论，有形图标代表了一类类似于表征对象照片的图像；抽象图标提供了图标与其表征概念间的感知关系。这前两种分类与 Rogers 图标分类中的定义极为相似，它们仅仅是为每个图标类别使用了不同的分类术语。然而在 Rogers 的研究结论中，象征型图标是指那些与具体对象之间有抽象关系的图标，Purchase 则认为，象征型图标是指图标与表征对象间没有知觉性关系。

Lidwell 在图标分类的研究中充分利用了之前研究的成果，并在此基础上使得图标的类别更加精确。该研究主要基于 Rogers 的研究发现，拓展出四种全新的图标类型，分别为相似型图标、实例型图标、象征型图标和抽象型图标。相似型图标形象地代表了一种行为、一个对象或者一个概念；实例型图标例证或者代表了一系列行为、对象、概念的共同特征；象征型图标被定义为在一个更高的抽象层次上代表一种行为、一个对象或者一个概念；抽象型图标运用的是与其代表的行为、对象或概念无关的图像进行表征。

尽管在以上所提到的各类分类研究中研究学者指出其分类方法是依据不同理论而创建的，但本质上他们的兴趣点仍然围绕在图标的物理形式以及图标如何对对象进行表征中。通过这些研究发现，图标与所表征对象间可能存在以下五种关系（见表 3-1），在某些研究中认为是一种关系的，在另外的研究中可以被拆分为多种关系。基于图标与表征对象间的这五种关系，所有图形化界面中涉及的图标都可以通过物理外观进行分类并按需应用。

表 3-1   图标与所表征对象间的五种关系

	图标是对于相似对象或行为具有代表性和简单易懂性的图片	图标使用典型对象来表示一般对象类别	图标由几何形状和其他无法识别的图形组成	图标由代表性图像和抽象性图像组成	图标与其参考对象之间没有直观联系
Rogers（1989）	rcsemblance	exemplar	symbolic	no equivalent temninology	arbitrary
Lidwell et al.（2003）	Similar	example	symbolic	no equivalent terminology	arbitrary
Gaver（1986）	nomic	metaphorical（metonymic mapping）	metaphorical（structure-mapping）	no equivalent terminology	symbolic
Lodding（1983）	representational	representatinal	abstract	no equivalent terminology	arbitrary
Webb et al.（1989）	pictorial	pictorial	symbolic	no equivalent terminology	sign
Lindgaard et al.（1987）	purely pictographic	purely pictographic	putely pictographic	mixed	purely symbolic
Blattner et al.（1989）	representational	representational	representational semi-abstract	semi-abstract	abstract
Purchase（1998）	concrecte-icon	abstract-icon	no equivalent temminotogy	no equivalcent temminotogy	symbotic
Gitins（1986）	associative-titeral	associative-abstract	no equivalcent temminotogy	associative	arbitrary

（二）基于用户感知的图标分类法

基于物理外观的图标分类法已经被广泛地接收并应用于多个图形化用户界面设计当中。但是，表3-1所列举的五种图标与表征对象间的关系，每两种关系间的界限其实很模糊，在某一分类方法下的一类图标可能也符合其他分类方法中多个图标类别的定义。例如，根据Lodding的理论中的具象图标在Rogers的解释中可以对应着"相似图标"和"范例图标"。因此，图标分类法需要更加动态的分类准则而不是严格的单一标准。随着信息技术和可视化科学的不断发展，信息交互研究中越来越强调人类的认知行为，与此同时，基于用户感知的图标分类法出现了，并在图标研究中扮演了一个很重要的角色。

McDougall 等的研究成为基于用户感知的图标分类法中的代表。该研究假定了五个范畴来对图标进行分类：具体性、语义距离、熟悉度、完整度和美学吸引力。具体性指的是一个图标在真实的世界里能够对表征对象所表达的具体程度；语义距离反映出图标与它所代表的对象在语义上的区别。不难看出，具体性和语义距离在理论上都与基于物理外观的图标分类法的相关，这表明 McDougall 的研究是依赖先前的图标分类研究而非完全独立的。

除具体性和语义距离之外，McDougall 所提出的其余三个范畴则是在用户感知方面的新概念。熟悉度指的是用户对图标的认知程度和使用此图标的频率。一位用户越频繁地使用某一图标或者图标所表征的对象，那么他对这个图标就具有越高的熟悉度。这个范畴涉及用户对某一图标的物理外观所产生的经验值，同时与用户的个人体验也有一定的关系。熟悉度影响了用户对图标的评价，举例来说，一位经验丰富的司机相较新手能够更加快速地识别出一个感叹号的路标表示"危险"，正是因为他对感叹号图标和"危险"这一表征对象都已经熟悉了。当熟悉度级别越高，即使一个图标与表征对象间并没有直接的、视觉上的联系，用户也可以快速地识别出图标内涵。这就意味着，与基于用户感知的熟悉度相较而言，物理外观不再是图标分类的唯一重要范畴。

复杂度是一个与用户感知有着强烈联系的范畴。一个图标越复杂，在交互设计中用户理解该图标并重复使用它的难度越大。研究已证明，即使是通过长期的训练，视觉复杂度的影响也会由于简单图标和复杂图标之间的性能差别而长久地存在。因此，有着不同感知水平的用户对于图标的复杂度将会持有不同的观点，这与图标的物理外观有一定关联，但主要取决于用户自身的观点。

尽管美学吸引力是由另一个认知系统产生的，但它与其他分类标准也具有一定的联系，并且是评价一个图标的关键因素。在这些范畴中，美学吸引力是最依赖于用户的个人认知而存在的，这是因为即便是相同的图标，不同用户也会由于自身的认知差异而显示出不同的美学感知度，同时，会对提高图标的设计建议持有不同的观点。因此，在美学吸引力上达成一致的认知相较其他范畴将会更加困难。

由 McDougal 和她的研究团队所提出的图标分类法理论与基于物理外观的图标分类法是不同的，基于用户感知的图标分类理论更加注重由用户自身认知水平不同而导致的不同图标分类观点。但在他们的研究中提到的某些范畴仍然反映出图标与其表征对象之间的联系，例如，具体性与语义距离。然而，基于用户感知的图标分类法中涉及的物理外观已经不再是区分图标的唯一标准。不同用户会对同一图标与其表征对象之间的关系提出不同的解释。

（三）基于表征策略的图标分类法

最近有研究者提出了一个更加深入的图标分类法理论，这代表着基于表征策略的分类标准丰富了图标分类的多样性。这一研究的出现更加证实了图标分类法不会再以单一的标准精确地完成，而是通过多种视角整合而成；同时，一个分类标准可能不再适合对所有的图标、在任何情况下进行分类。每一标准都会具有它们各自的应用范围。这一研究是一个以健康为背景的大型研究项目的一部分，它旨在健康信息系统界面，使得用户可以利用图标自动地从该系统获取帮助。研究人员从网页和已出版的杂志上共收集了 846 个图标，并且尝试着用三个标准来对这些图标进行分组。

第一个标准是根据图标所表征的词语的词汇进行分类，图标被分成了词汇词语（或称内容词语）和功能词语（或称语法词语）。词汇词语包括所有的内容词语，如特殊的对象、概念或者行动，而功能词语涉及所有的连词和介词。在 846 个图标中，仅有 14 个图标表征功能词语。另外，研究表明，大多数的转换词语和限定词语都需要通过添加一个名词进行图标化，而不是直接对词语本身进行图标化表征。举例来说，"瘦"是一个形容词，但它不能直接地通过一个图标表示，表示它则需要用"瘦的人"作为中间名词而寻找相应的图标。

第二个标准是针对那些表征对象是名词的图标提出的。这一分类准则是以一体化医学语言系统为基础，该研究中的 562 个名词被分为实体（484 个图标）和事件（78 个图标）两大类。

以上的两个标准均基于表征对象的词语语义分析，与所涉及的图标并无直接联系。而在第三个标准中则暗含了本书提出的全新概念：表征策略，它反映了将文字转换为图像的被选择途径。其中，表征策略可以被分为三个子类，分别是视觉相似度、主观约定和语义联想。特别地，视觉相似度表征策略仅仅在表征对象是名词或实体时才能使用。

第一个表征策略与 McDougal 所提到的"熟悉度"类似，指出图标是通过图形符号与其所代表的对象之间的形似度来设计的。这个熟悉度可以由图标自身的熟悉度解释，也可由图标与其代表的对象间的关系解释。但是，只有当表征词语是名词或相对应的对象有特定的物理外观时，这个策略才有效。

第二个表征策略指的是图标与对象间的关系是由一系列明确的约定而产生的。抽象的约定主要针对具有几何形状的对象或者动词。举例来说，箭头代表"循环"、字母 P 代表"停车场"。一个约定是更为具体的约定，它通常有其原始的语义参考。比如，一幅骷髅的图片表示"有毒"、一幅天使的图片表示"医生"。尽管原始语义的关系逐渐被隐藏起来，图标与其代表的对象之间的约定却最终被保留了下来。转换约定是指图标与其表征对象之间没有物理关联，但却和图标所指的对象有一定的关联。例如，竖起大拇指表示"正确"。

　　第三个表征策略与前两个不同，它可以被认为是图标与被表征对象在语义上的中间媒介。以钟表代表"时间"为例，现实中并没有直接的图片符合"时间"这一概念，而钟表却为它们提供了直接的语义桥梁。基于不同的媒介形式，该研究将语义联想划分为八个组，其中，最典型的类别是"范例"和"物理分解"。范例图标与在基于物理外观的图标分类中所提到的示例图标相近，它们选择代表性的符号表征对象，例如，白菜代表"食物"、显微镜代表"实验室"。"范例"和"物理分解"共同特征是图标可以由图片中的符号解释，或者由符号所属的集合解释。例如，一幅自行车的图片既可以代表"自行车"也可以代表"交通工具"。

　　研究结果表明，这三个表征策略相互结合、相互交叉、相互渗透。决定应用哪一个表征策略时受到所表征对象的影响。一个图标不会始终被归类到某个组别当中，当表征策略改变时，图标的集合也会有所变化，而这并不取决于图标物理外观或用户的感知水平。

三、行为图标与知识图标

　　图标在信息管理中最早的应用可以追溯到系统界面设计的起源，符号图形的使用，促使用户可以更加简单地在计算机及其系统上进行各种操作。同时，与书写文本相比较，无论是在空间上还是在时间上，系统界面都因图标的存在而变得更加具有艺术性和实用性。事实上，早在古代中国文字和玛雅文字中就已经开始利用图标传播信息和注释知识[171]，这些未被称为图标的原始符号是最古老的信息交流工具。在我们的日常生活中，道路标志可以被看作另一类特别有用的图标，它为司机提供了驾驶信息和知识。随着信息科学的不断发展，图标逐渐被用于进行知识标识。Lohse 的研究表明，图标是一个可视化知识表征物，与其他可视化工具（图表、表格、地图、图解和网络图）不同，图标用简单清晰的图像指代一个具体的对象。从这些证据中不难看出，图标不仅可以作为信息系统的操作指南，还可以被当作知识传播的媒介。

　　尽管之前讨论的已有图标分类法强调图标符号与其表征对象之间的关系，但它们并没有系统地描述图标潜在的可应用领域及其之间的区别。从基于物理外观的图标分类法到基于表征策略的图标分类法，不同图标类别间的界限越来越模糊。一个图标如何与一个对象关联也许不能仅通过一个分类标准而很好地解释。另外，由于越来越多的用户参与到图标的设计和图标的认知当中，不同用户的认知水平开始变得越来越复杂。因此，需要一种全新的、更加专注于图标设计目的的图标分类方法。基于这个标准，我们提出两类新的图标类别：行为图标和知识图标。

（一）行为图标

我们定义此类图标为那些用以引导用户在信息系统中进行某种交互操作的图标。行为图标最初设计的目的是向不熟悉所使用信息技术的用户提供视觉指导，这些图标把大段的文本描述转换成若干象征性的图片。举例来说，我们在微软文本编辑器软件中点击"B"使文字变粗，这个操作指南通过"B"图标来进行解释，而非通过书写"使字体变粗"这样的文字来完成。行为图标在界面交互中占有很大的比例，这是因为信息系统最初的目的是帮助人们更快、更好地完成一项任务，用户需要行为图标来学习如何控制一台机器，进而最终达到目的。因此，一旦图标操作的关系建立，不管是具体图标还是抽象图标，都可以暗示用户"如果你想做这个，请点击这里"。

（二）知识图标

与行为图标不同，知识图标是向用户传递某些信息的[172]。这里的信息并不旨在引导用户如何一步一步地进行操作，而是让用户知道某些信息，尤其是复杂的、专业的信息，最终形成一个"文本—图标—文本"的信息转换循环。在此过程中或者在此过程之后，用户也许会采取某些行动，但这不是必须的。即使用户产生了某些行为，也可能是为了其他目的使用这些知识，而非对信息系统进行某些操作。现如今，知识图标变得不再稀有。例如，越来越多的医学系统使用图标将数百万药物描述转化为可视化、直观化的知识界面，从而使医学信息检索变得越来越便捷。知识图标的使用需要有一个高度发展的互联网络作为支持，我们不仅仅想通过微软文本编辑器来输入文本，更希望在线搜索有用的信息来提高论文的撰写水平。当在线信息被限制时，用户需要花费更多的时间来寻找目标、浏览目标从而确定可以被利用的信息是哪些。而在大数据时代，花费更多的时间寻找一条信息就意味着错过许多其他有用的信息，因此，知识图标可以作为对这些文字信息的可视化摘要，从而对文本中的核心要点进行快速阐述[173][174]。然后，这些可视化的摘要信息就可以以"因为这些图标的解释，这篇文章讲的是什么"这种形式传递到用户的大脑里，这就被称为"文本—图标—文本"循环。知识图标可以被看作在线信息和用户获取到的信息之间的媒介。在这些知识图标中，有两种在信息系统交互中被频繁涉及：状态图标和分类图标。状态图标是为给出的知识提供当前状态信息的知识图标。比如，一个装有不同比例沙子的沙漏可以代表一个项目的不同进度阶段。分类图标是那些表示知识分类信息的知识图标。通过图标共有的几何学特征或者相关的符号性表示，用户能够获得图标所表征对象的组织结构信息。比如，在危机管理信息系统中，分类图标可能暗示了某些危机和已经结构化的营救方案。

综上所述，将图标分为行为图标和知识图标主要是基于使用图标的目的（可以从图标中获得什么）和这些图标可能被应用的方式（用户将如何处理图标）。在这一分类方法中，图标如何表征所需表征的对象已经不再是主要考虑的因素了，这样可以避免基于物理外观、用户认知和表征策略等多重分类标准同时作用时所引起的冲突。

四、服务于人机交互的图标

系统界面设计引入图标开启了人机交互崭新的一页[175]。图标所具有的简洁、直观、生动等特征使之迅速成为一种交流工具，并为系统界面操作提供了视觉引导。图标的使用，发掘出一种展示软件或者桌面文件夹功能的更为高效的方法，相较长篇幅的文字描述，图标更能吸引用户的注意力，同时帮助用户一步一步地进行操作[176]。这个功能对国际工作环境至关重要：不管使用何种平台，图标都提供了一种超越语言障碍的、更便捷的接触操作对象的方法。利用图标可象形化地展示所代表的操作功能，可以使系统上的各类信息能够更好地被用户识别甚至多次识别[177]。

因此，在多种系统界面中，图标都成为一种通用的行为表征方法。分析从示例中所找到的 243 个行为图标，最主要的应用领域包括软件界面、浏览器和手机界面，这些领域间的展示顺序主要依照信息技术和网络技术的发展过程。

（一）软件界面

几乎所有的软件都会配合图标使用，图标大多被放置在工具条上表示可能会被频繁点击的操作，取代了从每个下拉菜单中寻找的操作。图标通过符号化的解释告诉用户这个软件涉及哪些功能。特别是当用户对文本和菜单不熟悉时，图标经常能对操作有所帮助，这种无文字的方式使得图标能够对软件所能提供的操作进行更加清晰的解释[178]。

文本编辑器软件是一个典型的图标应用。一般的操作，例如将文字转换成粗体或斜体格式、设置所选定文本的背景颜色等，所有的操作都有对应的图标表示。用户只需点击图标即可完成操作，而无须从文本菜单中一一寻找，这使得文本编辑的完成度由于图标的使用而大大提高[179]。

其他特殊处理对象的软件也可以在界面中使用图标来进行视觉性的操作指导，如基于图标的教育软件[180]。研究旨在探寻一年级（6~7岁）和三年级（8~9岁）学生如何在一般的教育应用软件中辨别听力图标，结果表明，三年级的参与者因在文字和图标两个维度具有兴趣，因此对听力线索的获取具有更大的能力。与儿童的图画书类似，图标比乏味的语言更具提升学习者兴趣的优势，这就是为什么越来越多的教育软件在界面设计上应用图标的原因。通过简单的点击，学生可以通过一步步的操作而学习，这一理论也在游戏交互研究中被提到过[181]。

现如今，几乎每个软件都将图标作为界面的组成部分。尽管不同类型的软件可能有多种不同的操作类型，但目标都是利用图标使界面更加容易进入，特别是在国际使用环境下。除了对软件涉及的功能进行视觉解释外，图标也可以提高界面的美观程度，这也是评估交互效率的重要因素之一。

（二）浏览器

除了软件界面之外，浏览器是另一个图标大量出现的应用领域[182]。随着网络技术的不断发展，浏览器成为一个获取网上信息的有力工具。为了提升用户体验度，浏览器也创建出越来越多的新功能，如收藏喜爱的网页内容和网站导航[183]。浏览器上图标的使用以在符号按钮和网页可能的操作间构建桥梁为目的。即使那些没有上网经验的人，比如老年人，也可以通过图标来学习浏览器的基本操作。

一些研究调查了中国网页浏览器设计的适当性和有效性，以中文操作系统（China Operating System，COS）为例[184]。这一中文操作系统被设计得充满古典文化感，并具有视觉和听觉的双重认知。研究指出，使用交互性图标和动画的图形化用户界面（Graphical User Interface，GUI）已经打开了视觉语言的新领域，并形成了符号系统和复杂网页应用的相互转换。

除此之外，IE7也注意到了图标的使用。一些研究分别测试了在IE6和IE7浏览器下图标设计和地理位置对用户的影响，并且验证了当在网站间进行切换时，分页浏览将会对用户网络信息获取造成影响。

浏览器的图标是软件图标的一个特例，因为浏览器可被看作为满足网页上的固定功能和特殊操作需求的一种软件。而与软件的功能多样性不同，不同浏览器间的目标功能具有高度的一致性，因此浏览器的图标设计更具备共性，仅仅需要在符号选择、颜色和图标安排上有所区别。如图3-1所示。

图3-1　Macintosh5.2版本的 Internet Explorer 浏览器界面[184]

（三）手机界面

图标如何作用于手机界面进行信息交互设计是近年来研究的热门话题，基于图标的手机菜单表征最早可追溯到智能手机的产生[185]。现有手机界面的图标示例可以分为两个方面：菜单设计和应用设计。

菜单设计关注于呈现手机所包含的全部功能目录，并在菜单页以图标的形式展示出来。如图3-2所示，这是一个古老的基于图标、选择简单、以图标为交互媒介的手机菜单[186]，它们表示有限个手机操作功能，包括发送信息、拨打电话或者设置时间。现在手机菜单的图标应用主要发生两个变化：动画图标设计和个性化图标设计。一方面，手机图标的动态展示暗示了目前的菜单状态，用户可根据优先顺序移动、排列图标；另一方面，我们在创建图标菜单时也需要考虑年轻人和老年人使用手机的区别，以及文化背景差异对手机使用的影响，为使图标应用更加符合文化多元性，使年轻人得到更佳的艺术性视觉体验，手机菜单中图标颜色也因此变得越来越鲜明[187]。

图3-2　移动手机的动画菜单图标设计

应用设计是手机界面的另一个革新[188]。理论认为，手机可以被认为仅仅是将电脑中的操作方式变更为在移动手机中进行，即为应用设计而创建的图标，也与软件界面图标和浏览器图标有着相似的应用目的。越来越多的用户选择手机来满足网络需求，导致相较于菜单图标，手机界面的开发越来越集中于关注软件和浏览器在移动设备端的图标设计[189]。限于尺寸和分辨率，手机应用的图标相较文本展示出更多的优势，并且更需要创造性的设计。

通过菜单设计和应用设计，手机界面图标充当了一个有效的操作指导，以帮助日常的手机使用，同时提高了用户、手机本身、手机上的应用三者间的两两交互效率[190]。

（四）小结

从以上应用最广的三类行为图标可以看出，事实上，一般界面设计研究中提及的图标大多指行为图标。因此，自图形化用户界面存在开始行为图标就已经存在，且具有相当长的一段历史，并且具有主要影响力的发现均出现在 20 世纪左右。无论这些行为图标有怎样的特殊目的，但它们的产生均是为了简化用户在信息系统上的操作。这也是这些图标被称为行为图标的原因。在下一章节中我们将会引出另一大类图标——知识图标，它们与行为图标的应用目标完全不同。

五、服务于知识工程的图标

Lohse 的研究指出，与其他可视化知识表征（图标、表格、地图、图形和网络图）不同，图标具有简洁、清晰的图形外表，用以表征简单、独特的对象。知识图标可以追溯到古中国文字和玛雅字符，他们曾常常使用类似图标的符号代表事物或进行交流。这些象征字符可被认为是图标型的注释，通过使用这些字符和可视化表征物，人们可以向其他用户解释、传播信息。根据我们研究实验中所采集到的图标源，知识图标主要涉及以下三种领域。

（一）医疗健康

由于表征对象的简洁象征性特征，知识图标大量地出现在医疗领域。人们可能对他们的身体很熟悉，但或许对身体部位的专业医学名称并不熟悉。医学知识经常用罕见的词语和专业的方法来描述，这甚至对于医务人员来说都很繁杂。而人们为保持健康又乐于学习医学知识，在这种情况下文本描述就使得日常使用医学术语变得困难。由于医学知识的复杂性，象形表示是一个很好的方法[191]。尽管人们可能之前从未听说过身体某一部分的名称，但他们却熟悉该部分的形状及其图标型表示。因此，以图标为媒介的表征方法来解释医学知识，可提高用户在医疗信息方面的社会化参与。

大量有关医疗的象形应用逐渐出现。一个名为 VCM（可视化医学知识）[192]的图标系统的开发用来简化在线药品信息系统中的药品搜索。VCM 最初提出并不以在在线信息系统中寻找文件为目的，而是在一篇（长）药品的描述文件（药物的产品特点的总结）中查询几段描述药品相同性能如禁忌证或不良反应的文字。这个图标药品系统的界面是通过多个组合型图标来共同呈现，图标的每个图形组件分别代表了三种知识特征：禁忌证、药品的相互作用和药品的不良反应（见图 3 - 3）。医生通过选择具有合适图形组件的图标就可轻松找到目标药品。这种图标型解释药品信息系统节省了医生从成百上千的长文本描述中进行药品搜索的时间。

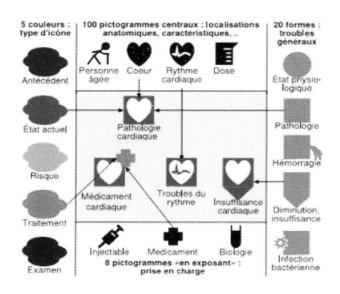

图 3 - 3　基于图标的 VCM 医疗药品系统

图标型知识表示法可以被认为是医学文字和病人（或医生）之间的一座桥梁，它不仅可以对知识进行更好的解释，也可以将医学信息通过具体的可视化翻译语言变得更加容易与他人分享。

（二）危机管理

除了在医疗领域的尝试外，危机管理中也开始将图标作为一种解释工具。使用图标的目的是将危机类型表征可视化，并告诉人们危机为什么发生以及如何获救。与医学案例相似，危机管理与我们的日常生活密切相关，然而文字的信息描述方法并不能吸引人们的注意力，也不能很好地解释其中暗含的知识。相反，图标型知识表征可以重建日常生活中的场景，并精确地指出什么是可能发生的危机案例。Collins 的消防安全标志[193] 是最早基于图标解释的危机管理研究，他们通过 91 个美国参与者研究了 25 个国际上对消防安全警报建议的符号。这些符号包含三种模式的表示（幻灯片、海报和小册子）和两种模式的参与者反应（定义和多项选择），还有一系列信息评级以及产品数据（图纸）。在这个研究中，研究者开始意识到图标具有引导用户直接通过特殊图像获取信息的能力。尽管最初时，图标的知识是被一个接一个简单地呈现而非在一个良好结构下形成的目录，但逐渐地，人们开始考虑使用图形工具为图标提供统一的尺寸和内容，这也开启了使用图像来表示知识的先河。

在 Collins 之后，部分研究尝试进一步地丰富危机管理中的"图标仓库"。①他们在危机管理中添加了更多的知识概念，并寻找与新定义的危机案例或获救途径对应的图标。Niclcon 的研究[195] 是在危机管理领域中收集包含标志性动作的危机管理手写草图，并使用手写笔输入的识别技术。Fitrianie 和 Rothkrantz[196] 也使用图标为危机管理创造了一种视觉交流语言（见图 3－4）。②在关注图标设计发展时，提出了更多的图标形式[197]。结构化图标表征方法与各种危机案例间的可视化关系可以更容易地进行展示。无论关注哪一个研究点，所有基于图标的危机管理应用都强调了地图的重要性，这是由于危机的地理特征，也是知识图标的关键因素之一。这一内容将在下一章节中讨论。

（三）在线媒体管理

为了检索可视化知识，如图像[198] 或视频，越来越多的信息系统中应用了图标型解释。和特殊形式的知识一样，图标具有公共的可视化特征，这为可视化信息的检索提供了更好的应用性。更重要的是，长文本的描述对于其关键内容不能进行精确的表征，而图标却可以对这些类型的可视化知识进行更好的解释和共享。图标型知识表征法可以代表整个知识文件或知识文件中的某一部分特性。比如，一张花园河的照片可以通过包含有花、桥还有草坪的图标来解释；同时，它也可以用一个单一的花的图标来暗示照片中的对象。因此，此处提到的在线图像管理的知识图标的特征与一些图像视觉检索的研究也是相关的[199]。

△	Grundzeichen: Maßnahme	Basic Icon: Action, Operation, Measure	actie	
EL	Befehlsstelle der Einsatzleitung	Incident Command Point	CoPI	CoPI
VÜM	Bereitschaft Verband / der überörtlichen Hilfe	Mutual Aid large Unit Fire Fighters (composed of several districts)	Bijstand / Bijstandscompagnie	
	Betreuungsgruppe	Survivor Care Unit (welfare unit) of NGO (aid organisations)	SIGMA Geneeskundig	
	Brand: Entstehungsbrand	Initial Fire	Brandhaard	
	Brand: Vollbrand	Full Fire	Vuurfront	
	Einsatzeinheit der Hilfsorganisationen	Deployment Unit of a NGO (aid organisations)	Geneeskundige aanwezigheid	

图3-4　服务于危机管理的语义互操作图标语言[194]

媒体流的检索则是另一个例子，它使用户可以为视频数据流创造多层次的图标解释[200]。尽管视频的一些方面可以被自动解析，但我们仍需要充分地陈述来对视频进行注解，从而便于视频的二次检索。一个基于图标的媒体时间流可以使用户设想、浏览、注解和检索视频内容。图标表征法也出现在音乐信息存储和检索中[201]。图标利用神经网络来确定音频文件中的波形特征，并生成图形参数，这一图标应用大大地简化了音乐信息的检索[202]。

（四）小结

依据上文所提到的知识图标的三个应用领域可知，知识图标用以表征特殊的信息和知识。换句话说，用户被建议从可视化说明中学习到一些东西，而非利用图标进行某种活动。这与行为图标的作用对象完全不同。需要强调的是，这三个领域显现了第三章中指出的两类知识图标：状态图标和分类图标。无论是医疗、危机管理，还是在线媒体管理，状态图标和分类图标都可能被应用。例如，状态图标可以表示治疗阶段或危机状态，而分类图标则可以是音乐的不同风格类别。

"知识图标"的概念可以认为是知识引擎的发展结果，它是信息科学中的一项重要分支。尽管使用图标表示信息并不是图形符号的新术语，但作为知识表示法在信息系统中的应用却未被系统地研究。与有着悠长历史和严格操作类型的行为图标不同，知识图标历史较短，但因知识领域的宽广而具有很好的发展前景。因此，本书所列出的这三个知识图标的应用领域并未覆盖所有的典型案例。

六、信息结构的图形化表示

图形符号学研究[203]发现了视觉成分如何帮助表示地理信息中的差异。如图3-5 所示，定义了6个基本的视觉变量来区分地图上的区域：形状、大小、颜色、颜色值（值）、颜色强度（方向）和纹理。然而，由 Bertin 的研究结果可得出结论：所有的变量在表达信息的能力上不同。例如，颜色和形状能够翻译不容易用统计数字表述的定性报告（多少），但它们可能不能以"多少"的方式解释状态。这6个变量可以用点、线或面积的形式表示除形状线、形状区域和大小区域外被分割成块的空间。虽然最初 Bertin 的理论对使用视觉变量来区分不同地理区域的地图设计有贡献，但视觉变量的研究结果对于表示不同知识类别处理的语义差异也有意义。更重要的是，图标是一种与图形变量相结合的图像表示形式，因此，将其他图形变量添加到图标上比添加文本更为简单。由于图标通常具有复杂的图形变量组合，因此很难通过原始变量来识别其结构。图标结构表示的问题可使用额外的变量作为标识标签来解决。

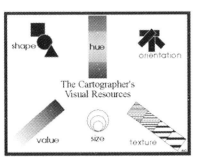

图 3-5 Bertin 提出的六类图形化变量及它们的符号学功能[203]

虽然语义关系存在于标签中，但当标签数量巨大时，文本表达使其难以被识别。一些关于可视化和用户界面设计的社会标签研究试图将图形组件应用于结构的可视化表示[204]。Visual Thesaurus 和 Tagclusters 就是很好的例子[205]。他们通过在相关文本标签间画线或添加可视阴影来可视化标签的语义结构。用户可以通过附加的视觉提示轻松地在全局识别标签簇。然而，尽管这些工具改进了标签结构的可视化表示，但通过理解标签本身来理解结构仍然存在问题。若标签在不同的文档中单独出现，那么无论是画线还是添加可视化阴影，都不能帮助其表示结构。

谷歌地图开始将符号分类与图形分类相结合。地图上的图标标签可以表示可访问的信息，从而显示用于说明信息类别的颜色。结构良好的图标的成功应用引致了两种识别图标结构的方法：一种是由图标表示对象，另一种是图形变体。对于基于经验表示在谷歌地图上的图标（见图3-6），我们认为只有一个图形变量（如颜色）来深刻连接更复杂和更广泛的标签结构可视化知识管理系统是不够的。

图3-6　谷歌地图中的不同色彩的图标用以表征不同类型的地理位置相关的信息

七、研究现状部分（第二、三章）小结

通过对这两章对艺术状态表达符号化的研究，我们发现，图标可以从多方面对知识进行符号化解读，并通过这些符号表示语义关系。这些优点使得开发一种人机交互工具来改进标签系统的格式以理解知识及其结构成为可能。另外，现有的关于知识标签的研究主要集中在单个标签的表示或文本标签的结构上。我们研究的重点必须扩展到通过每个标签的表示及其结构进行反思，以找到方法改进基于知识组织系统的标签。

第四章 基于 Hypertopic 的图标标签系统建模与实验验证

在前两章中，我们介绍了标签系统和图标的最新进展。标签系统不仅关注每个标签的表征方式，同时也关注标签系统的结构表示。考虑到文字标签的局限性和图像表征的视觉优势，我们假设在面向注释的应用程序中，如参与、知识共享和其他类型的标签活动等，带有图形规则的结构化图像标签可以提高标签系统的效率。在本章中，我们将提出利用一种基于 Hypertopic 模型的可视化辨别语言来创建一个结构良好的标签系统。这种方法将图标设计、知识工程和计算机支持协同工作联系起来。此外，我们通过将该标签系统与传统经验进行比较，对这一假设进行了初步评估，结果部分假设得到了证实。

一、基于 Hypertopic 的图标标签系统建模

本书的研究思路是基于 Hypertopic 的文字标签分类方法（主题标签和特征标签），然后将此分类方法通过图标和图形编码将单个标签和标签结构同时可视化（见图 4-1）。这里我们考虑最简单的情况，即专家推荐标签：每一个主题或特征值只对应唯一一个标签。之后介绍的实验方法也是以"一个标签对应一个图标"的形式来开展。需要说明的是，这一标注方法之后可以被拓展为无词语限制的情况，也即用户允许使用多语言或多词汇的文字标签来指代不同的知识组别，在这种情况下标签结构因为 Hypertopic 模型中预设的主题和特征分类与先前每一主题或特征只提供一个文字标签时的语义结构始终保持一致。只要标签结构不变，我们就可以依照同样的方式对"多标签、多图标"的情况进行标签可视化。

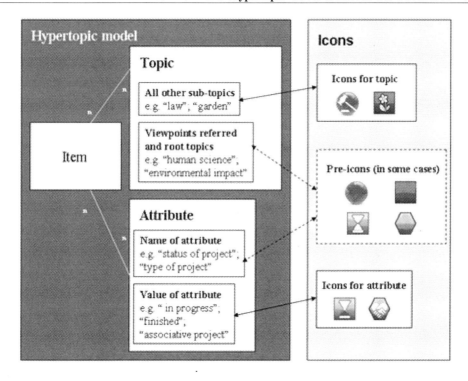

图 4－1　图标化主题及其特征

图标的指代符号将对被表征对象进行象形解释，图标的图形元素可以提供可视化标签间的内在联系，我们将这种具有标签内容、标签结构表征功能的标签命名为结构化图标标签。特别地，我们使用一组特殊的图标来专门指代标签的组别信息，这类图标被称为"先设图标"：同一观点、同一主题分支或者同一特征名的图标被使用相同的先设图标表征。先设图标类似图标标签的基底，各个组别中的标签将在此基底基础上复合对应的指代符号来表征具体的知识内容。然而一些特征名并不需要先设图标，因为它们的图形化基底并不含有共有部分。例如"语言"，我们可以单独地使用各个国家国旗来清晰地表征各个语言特征值。

可视化辨别语言（Visual Distinctive Language，VDL）是来自某一给定知识组织系统的先设图标构成的一个"图形组织"，它旨在可视化地表征基于Hypertopic模型下的分类结构以及被分类对象（在本书中，我们使用 Hypertopic 模型作为例子，但 VDL 也可以被应用于其他分类机制中）。此处的"语言"是一个广义概念（区别于口头词语），为用户彼此之间提供一种相对简单的沟通方式[206]。可视化辨别语言被称作此名的原因在于，其通过一种预先建立的约定（先设图标）来显化标签结构，并使用户间基于这种统一的标签语义结构认识来进行知识标注和知识共享。

在 6 种可视化变量中，3 种变量与结构表征的目的联系较弱：尺寸、方向和亮度，主要是由于这几种变量很难表达信息间的区别，从而不易形成知识组别间的显化表征；相反，形状、颜色和纹理则因易于表征不同信息间的差异来帮助构建可视化辨别语言，每一种图形变量或是这些变量的组合都可以对应着一个知识组别。各观点下的所有标签都先统一地用形状进行区分，然后每一观点下的不同主题将在原有形状的基础上附加颜色变量作为新的先设图标。按照这种规律，本来成树状结构的主题还会被继续添加不同的变量而形成更低一级的主题标签先设图标，然而一方面由于图形化变量的数量有限，另一方面过多的图形化变量也会降低图标标签的结构可读性，为了简化可视化辨别语言，主题标签的图标将从第二级开始始终保持上一级的先设图标而不再更新。

相同的规律被应用于特征标签，也即可视化辨别语言的另一部分。特征名被直接图标化成附着颜色变量的形状，随后特征值则在此先设图标上添加具体的指代符号（除了特殊的特征名外，例如之前提到的"语言"）。其中，图 4 - 2 所示的备选颜色仅为使用图形变量进行标签分类可视化的一种思想体现，并未进行严格的色彩测试。形状和颜色两种变量将共同作用于标签组别可视化，二者均非主导因素。先设图标需要避免在不同的标签组别同时使用相近的两种变量的情况，例如，两个在同一观点下的主题组别（相同形状的先设图标）将被禁止使用相近的颜色，比如浅蓝和深蓝。考虑到某些知识系统界面中无法显示色彩，我们也提供了黑白版本的可视化辨别语言，将纹理变量替代颜色变量，其余可视化规则将继续保持。

最终版本结构化图标标签中的主题图标标签和特征图标标签在视觉上并无差别，除非特别地标注出哪一个是主题标签、哪一个是特征标签，仅通过先设图标暗示哪些图标标签属于同一个观点组别、主题组别或特征名。

可视化辨别语言和先设图标的优势如下：首先，相较于文字，可视化辨别语言可更好地与图标进行匹配。对于文字标签，仅尺寸和颜色两种变量可以被用于可视化，而对于图标来说，所有的图形变量都可以轻易地被添加。因此，可视化辨别语言也许不是最好的可视化标签方式，但却是最适合于图标标签的方式。结构化图标标签提供图形表征物以改善标签内容的理解，这会促进之后对被标注知识文档的理解，或者至少为知识内容提供图形标注的辅助解释功能。区别于纯文字标签对标准词汇和制定语义的要求，图标标签加强了多语环境下的知识标注和知识共享，为图标标签挑选一个最合适的象形符号来弱化对标签语言的依赖性。

其次，可视化辨别语言改善了标签语义结构的表征，这也是本书的主要研究目的。它衍生于 Bertin 的图形符号学，指出附加的图形变量能够作为每个图标的

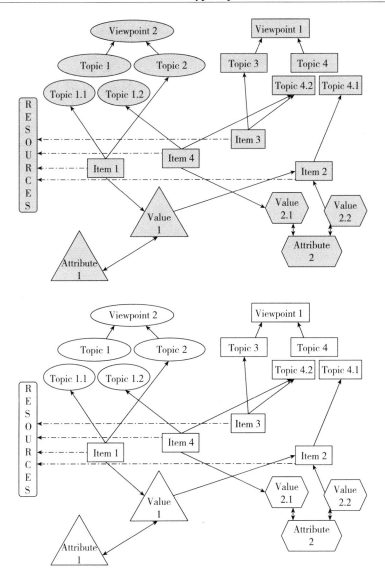

图 4-2 基于可视化辨识语义的主题标签与特征值标签（彩色版和黑白版）

分类编码，从而分辨出不同的标签语义组别。这些可视化基底通过一个或多个图形变量组成，由先设图标形成可视化辨别语言。用户可以根据共有的图形化变量来识别存在于同一语义组别下的相关标签，这使得标签结构的识别从先前的标签内容理解转变为现在的可视化编码识别的同时，利用图形编码达到协同背景下的统一标签结构理解：使用相同颜色（相同纹理）或相同形状表征的标签来自于同一知识组别。在之后的知识标注过程中，用户只需要从每个可视化组别中选取合适的知识标签；同样地，当标签被排布在一起却又不标明组别名称时，搜索一个知识文档也简化成从每个可视化组别中挑选目标标签。

最后，随着知识内容多元性、知识结构复杂性的提高，一个标签涉及多个知识组别的情况越来越普遍，可视化辨别语言和先设图标可以帮助表征某一标签所偏好的知识类别。例如，"可再生能源"这一多领域主题标签，当考虑能源问题时它与环境主题相关，当考虑降低能源消耗时它与经济主题相关联。用文字标签表征时，可再生能源将以唯一的词汇形式分别出现在"环境方面"主题组别以及"经济方面"主题组别中。而结构化图标标签可以利用先设标签适应多主题关联的标签类型："可再生能源"的象征符号将分别与"环境知识"的先设图标以及"经济知识"的先设图标分别叠加，形成两个不同基底的图标标签，最终通过这种方式将一个文字标签衍生出两个关注点不同的结构化图标标签，分别用以标注涉及"可再生能源"却具有不同侧重点的知识文档。

为了验证图像编码在符号表征物和显化结构方面的概念优势，我们设计了一组关于可持续发展领域的基于 VDL 可视化辨别语言的图标标签（见图 4 - 3）。这些图标标签将被下个章节的实验验证。

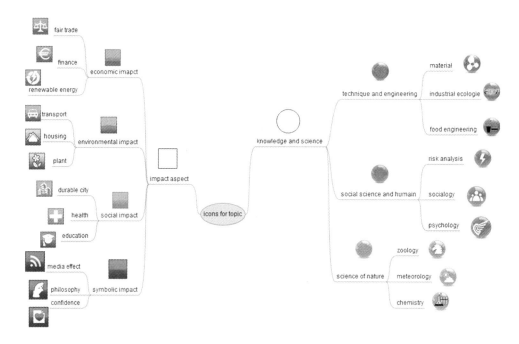

图 4 - 3　以可持续发展领域为例的基于 VDL 的图标标签
（上图为主题标签，下图为特征值标签）

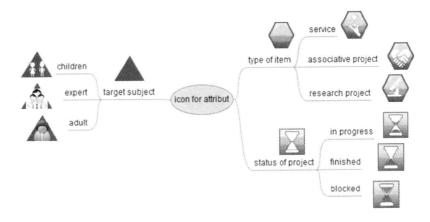

图 4-3 以可持续发展领域为例的基于 VDL 的图标标签
（上图为主题标签，下图为特征值标签）（续）

二、标签系统的有效性验证

为了验证结构化图标标签在知识标注过程中的有效性，我们进行了一个"纸上标注"实验。这一实验旨在论证我们的研究假设：是否用户使用结构化图标标签后可以在更少的时间内（速度）收集到更多主题匹配的标签（准确性）用以知识标注。此实验共设有三个对照组，分别对应三种不同的知识组织系统标签：文字标签、一般图标标签（即无显性结构的图标标签）、结构化图标标签。

（一）参与者

27 名信息管理专业的研究生参与了此次实验，他们中有 13 名女性和 14 名男性，平均年龄 23 岁。他们通过抽签被随机地分至三个测试组里：A 组是文字标签组，共 9 人；B 组是一般图标标签组，共 9 人；C 组是结构化图标标签组，共 9 人。实验前和实验过程中测试者并未获得任何标注训练，也未被告知任何关于结构化图标标签的理论信息；另外，他们也并不知道有测试成员正在使用和他们不同类型的标签。仅在实验结束后所有测试者会被告知本次实验的目的。

（二）实验材料

实验材料由 3 份彩色的标签展板（见图 4-4）和 24 份知识文档构成。

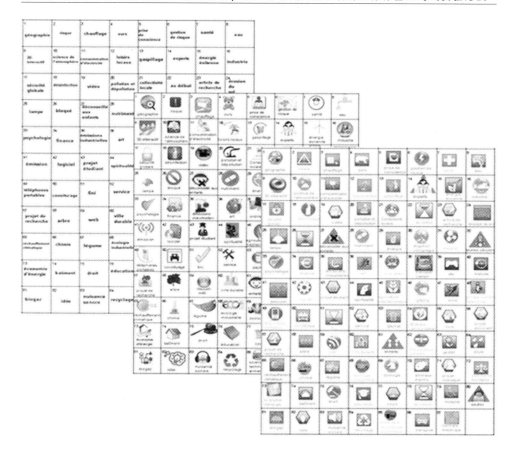

图4-4 实验中涉及的三类被测标签系统，从左到右分别是：文字标签、无显性结构的图标标签以及基于 VDL 的图标标签

  A 组的 87 个文字标签选自一个名为 CartoDD 的专家推荐知识组织系统，它由七组主题和三组特征名组成。CartoDD 是由法国特鲁瓦技术大学创建的涉及可持续发展领域的知识系统，它基于 Hypertopic 知识模型、通过主题和特征对知识文档进行分类、组织和管理。七组主题组别选自两个观点"作用及影响"（经济、环境、社会、符号）和"所涉及的领域和技术"（工程技术、社会科学、自然科学）。三组特征名构成三个方面："知识类型"（项目、文章、活动等）、"项目状态"（正在进行、完成等）以及"知识面向的对象"（儿童、专家等）。文字标签根据它们对应的标号从 1 至 87 依次排列。

  当文字标签确定了之后，将选取合适的图标来构成 B 组的展板。这些图标是为了更好地解释标签内容而不受任何图形选择的限制。当然，这些纷杂的图标需要被修改成统一大小而被放在同一展板上。之后如图 4-4 所示的先设图标将用以构建第三张展板：把组 B 的图标符号与对应的先设图标融合构成结构化图标标签。特别地，两种图标标签都配有对于文字名称，与 A 组的文字标签保持一致。这一涉及源于图形复杂认知理论，图标的附属文字名称可以避免造成用户对图标内容的理解多样性。C 组的附属文字的颜色与对应先设图标颜色保持一致，而 B 组中的附属文字则为黑色。同一编号的标签在三张展板上占据相同的位置，即三组标签采用相同的排布方式。

另一实验材料是 24 份需要被标注的知识文档，所有这些文档选自 CartoDD 知识组织系统，并来自不同的主题组别，包括水资源、能源、大气保护等。知识文档的类型也多种多样：有些是正在进行的研究报告，有些是介绍初始思想。这些知识文档的选取原则是尽可能多地涵盖标签展板中涉及的七组主题和三组特征，以使得标签可选范围加大。每一知识文档都通过相关图片、10 行左右的简介和 15 个用以放置选中知识标签的空白区域来展示，这 24 份知识文档保持固定的先后顺序并标有对应的编码。

（三）实验步骤

在确定了测试者分组之后，他们被分散在 3 个隔离开的房间内。首先测试者需要填表说明自己的年龄、母语和受教育水平。为了确定测试者对于可持续发展领域的了解程度，每位测试者要完成一个由 10 个有关可持续发展主题的问题组成的先测问卷，根据回答他们会每题得到 0 分、0.5 分或 1 分，测试者中高于 6 分者将被认为过于熟悉被测领域，而其测试数据被排除在分析结果之外。

当所有测试者都完成先测问卷之后，管理员将为他们分发 24 份需要被标注的知识文档以及对应的标签展板：A 组对应文字标签、B 组对应一般图标标签、C 组对应结构化图标标签。每个参与者同时开始按照文档顺序阅读每个文档，并从给定的标签展板中选取合适的标签对文档进行标注。每个标签都可被重复地使用于多个文档。最终，测试者将选中的标签编号依次记录在文档下方的空白区域里，每个文档选取的标签数不能少于 5 个。整个实验时间限制在 50 分钟之内，实验结束后被测者需要提交所有标注的文档。

最后测试者填写后测问卷，此问卷包含两个部分：第一部分面向所有三组被测者，同时标签展板保留在测试者手中不被收回。他们需要从标签展板中找出一组相关标签，并为这组标签的知识组别命名。同时，被测者可以对标签的可用性进行评价并提出建议。第二部分与第一部分隔开来，A 组成员不用填写，B、C 二组的标签展板将被收回。这一部分涉及图标标签的记忆和认知，包含 16 个未命名的图标标签以及给定的文字，要求被测者进行搭配连线。

（四）实验结果

1. 先测问卷

由于没有被测者在先测问卷中得到 6 分以上，所有测试数据将统统被使用到结果分析当中。先测问卷的平均得分分别为 A 组 4 分（SD = 1.05）、B 组 3 分（SD = 1.05）、C 组 2.5 分（SD = 1.00）。Levene 方差齐性检验说明三组间并无明显方差差异（F < 1，P = 0.902），进一步的 ANOVA 分析中也未体现出三组在先测问卷中有明显差别（F < 1）。这说明测试主体间的差异并未显著影响标注结果。

2. 标注过程

这一试验结果将使用"专家矩阵"的方法来分析。5 名可持续发展领域专家被邀请使用文字标签对实验中使用的 24 份知识文档进行标注，实验材料与以上介绍完全相符（考虑到三个标签展板的标签分别对应相同的对象，因此使用文字标签进行专家标注）。对每一个知识文档专家通过 0 ~ 5 的数字表示某一标签与该文档间的关联程度。5 代表标签与文档高度相关而 0 表示毫无关联。5 名专家的平均值构成了一个以标签和文档分别为行和列的关联矩阵，用以展示每个标签和 24 份知识文档间的关系，如表 4 – 1 所示。

表 4 – 1　反映标注结果的专家矩阵

	文档 1	文档 2	文档 i	…	文档 24
标签 1	0	0	1	…	0
标签 2	3	4	2	…	1
标签 j	2	2	1	…	0
…					…
标签 87	5	4	5	…	3

同样地，被测者的标注结果也以相同的构建方式形成了 27 个测试者矩阵，唯一的区别在于测试者矩阵当中仅有 1 或 0 两种数字：1 代表此标签被用以标注该文档，而 0 则代表未被使用，如表 4 – 2 所示。

我们使用公式来分析测试者 x 的标注结果：

$$R_x = \sum_{i=1}^{87} \sum_{j=1}^{24} TE_{ij} \cdot TP_{xij}$$

式中：TE_{ij} 表示专家矩阵中第 i 行第 j 列的数值；TP_{xij} 表示参与者矩阵中第 i 行第 j 列的数值（参与者 x）。

R_x 是一个复杂的测试变量，它同时集合了标注质量及标注速度。标注质量指的是被选定标签与文档的相关度，这些标签从领域专家的角度反映了高质量的知识表征能力。另外，若测试者矩阵最后四列为"0"，则代表该测试者没有足够的时间来完成全部的标注工作，他的标注速度影响了标注结果的 R_x 值。因此，R_x 被作为对比三个测试组的标注结果因子，用以解释每种标签类型的知识标注有效性。

表 4 – 2　反映标注结果的参与者矩阵（参与者 x）

	文档 1	文档 2	文档 i	…	文档 24
标签 1	0	1	1	…	0
标签 2	1	0	0	…	1
标签 j	0	0	1	…	0
…	…	…	…	…	…
标签 87	0	1	1	…	1

为了同时检测标注的敏感性和特异性，我们不仅需要知道准确标签的数量，也需要掌握错误标签的选取数量。首先，我们根据上面公式确定每个测试者的 R_x 值，然后计算每个测试组的平均总选取标签数（包含正确和错误标签）。如果三组的平均总选取标签数相类似，但某一组的 R_x 值相较其他两组最高，则可以推断该组的不正确标签数最少。

三组的平均总选取标签数（即平均每组每人 24 份文档的所有被选标签数）分别为 A 组 118、B 组 115、C 组 126。Levene 方差齐性检验并未显示出明显方差差异（F < 1，P = 0.842），接下来在 ANOVA 分析中也未体现明显差异（F < 1），说明三组的平均总选取标签数并无显著差异。

在方差齐性检测之后（F < 1），我们对 Rx 进行方差分析（ANOVAs）。C 组的标注结果（M = 246.3，SD = 49.1）显著地优于 A 组（M = 198.7，SD = 39.4），MD = 47.6，P = 0.037；也显著地优于 B 组（M = 199.2，SD = 40.2），MD = 47.1，P = 0.041。相反，文字标签组合无显性结构的图标标签组间却无明显差异，MD = 0.5，P = 0.977，如表 4 – 3 所示。

表 4 – 3　三组间用以检验标注情况的 Rx 均值比较

标签类型	均值	标准差
A 组文字标签	198.7	39.4
B 组无显性结构的图标标签	199.2	40.2
C 组基于可视化辨别语言的图标标签	246.3	49.1

续表

标签类型	均值	标准差
A 组和 B 组	0.5	0.977（>0.05）
B 组和 C 组	47.1	0.041（<0.05）
A 组和 C 组	47.6	0.037（<0.05）

3. 后测问卷

（1）标签结构。若某测试者能够从标签展板中指出一组标签组别，并且该组别包含了完整的相关标签，即覆盖完整的来自某一主题组别或某一特征组别的标签，则该测试者将得到 2 分；能指出包含部分标签的知识组别者可得到 1 分；混合了两组以上知识组别者将得到 0 分。在符合方差齐性后（F<1），分别进行三次方差检测。C 组被测者显示出与 CartoDD 最高的匹配度（M = 1.4，SD = 0.7），并高于 A 组（M = 0.7，SD = 0.7），MD = 0.7，P = 0.035 和 B 组（M = 0.5，SD = 0.8），MD = 0.9，P = 0.019。相反，A、B 组间却没有显著的差异，MD = 0.2，P = 0.645，如表 4 - 4 所示。

表 4 - 4　三组对于标签结构辨识的表现情况对比

标签类型	均值	标准差
A 组文字标签	0.7	0.7
B 组无显性结构的图标标签	0.5	0.8
C 组基于 Hypertopic 模型的图标标签	1.4	0.7
标签类型	均值	标准差
A 组和 B 组	0.2	0.645（>0.05）
B 组和 C 组	0.9	0.019（<0.05）
A 组和 C 组	0.7	0.035（<0.05）

（2）标签记忆度。一个图标、文字匹配正确的连线将得到 1 分（总分为 16 分）。B、C 组的该步实验结果符合方差齐性（F<1），更进一步 ANOVA 分析证明了两组间结果相当：B 组（M = 13.1，SD = 0.8），C 组（M = 13.6，SD = 0.7），MD = 0.5，P = 0.273，如表 4 - 5 所示。

（五）讨论

依据实验结果对结构化图标标签进行深入分析。首先，从标注行为而言，相较于其余两组，C 组被测者拥有最高的 R_x 值以及相类似的平均总选取标签数，即最低的错误标签数：C > B > A。在结构认知方面，相较于其余两组，C 组被测者可以辨识出更多的同组标签：C > B ≈ A。在记忆测试方面，两组图标被测者展示出相近的测试结果：C ≈ B。目前的数据结果与我们的研究假设基本符合，正如预期的那样，相较于其余两种标签，结构化图标标签更好地服务于知识标注过程，展示出更高的标签内容和标签结构理解率。以下进行分析。

表 4 – 5　三组对于标签记忆的表现情况对比

标签类型	均值	标准差
B 组无显性结构的图标标签	13.1	0.8
C 组基于 Hypertopic 模型的图标标签	13.6	0.7
标签类型	均值	标准差
B 组和 C 组	0.5	0.273 （>0.05）

　　综合标注质量和标注速度，结构化图标标签显著地加强了标注效率，这可以通过双编码理论解释：文字信息可以在可视化信息的配合下更好地被用户获取和掌握。图标标签的符号类似于文字的解释说明，提高文字标签的理解度。当用户浏览并理解一个知识文档后，他的脑中会自己设定多个相关的备选标签，接下来他将从给定的标签中一个一个地查找并确定与自己设定的相近的标签。在浏览的过程中，他会发现某些标签尽管之前并不在预设范围内但也同样有助于知识标注，而图标标签的优势则在这一步展现。B、C 组的图标为复杂的知识标签提供有用的可视化翻译，这对不在预设范围内的标签认知有很大帮助，用户将更加准确地发掘合适标签，尽管这些标签中的一部分最初并未在他们的选择之列。

　　除此之外，用户对于图标的响应时间要短于文字[207]，这使得对于图标标签的反应速度要快于文字标签。当用户搜寻到一个标签并确认它的文字表达方式时，他需要阅读整个标签；相反，对于图标标签他只需要记忆部分的图形特征就可以从大量图标中再次选出目标标签。相对于单通道的文字标签，结构化图标标签以及一般图标标签从两个不同的通道表征相同的对象，促进了标签的理解和记忆。

　　尽管两种图标标签展示了相近的符号解释能力和图形记忆能力，但两者之间存在着一个显著的区别：标签结构的表征。

　　首先，当用户拿到标签展板时，第一步会对标签结构进行认知。大多数的被测者，无论是哪个测试组，会在后测问卷中提到，当他们没有发现标签有清晰的结构时，会很难进行标注活动。这一结论在 A、B 组的对比中可以更加明显地体现出来。B 组的测试者称他们尝试去寻找标签间的关系，但这些标签就和普通的文字标签一样不具备显化结构信息。同时他们也提到，有限的测试时间迫使他们只好以完成标注为目标而放弃继续辨识标签结构。C 组被测者通过后测问卷反映了最佳的结构辨识能力，某些测试者描述他们如何进行标签的结构辨识：当他们拿到展板的那一刻，他们就发现图标设计是有一定规律的。某些图标具有共同的形状，某些图标具有共同的颜色，这些信息暗示着图标具有可视化结构。被测者的评价再次证明，可视化辨别语言的图形编码，例如形状或颜色，可以帮助更好地显化标签结构。

其次，用户有可能会再次使用到某些标签。一些 C 组的被测者描述了他们如何在这种情况下进行标注。当他们拿到标签展板时，意识到这些颜色和形状暗示标签的潜在结构。因此，当标注一个相近话题的时候，他们就会返回标签展板去挑选那些之前已经使用过的标签或者同一组别下的其他标签。在这种情况下，可视化结构使得被测者可以更快、更准确地发现这些"兄弟标签"。例如，某个测试者使用绿色标签标注某一讲述森林保护的知识文档，当他继续标注其他与森林保护相关的知识文档时就会优先从其他绿色标签中进行挑选。

最后，一些 C 组被测者提到，随着标注活动的进行，他们习惯从每个可视化组别中进行标签的挑选（绿色方形标签、粉色圆形标签等），然而 A 组和 B 组则是继续在展板上一个一个地依次浏览，这两组被测者都没有被提供任何标签结构的信息来简化后续标注过程。换句话说，正是结构化图标标签促使用户去发掘标签结构的信息。这使得从 87 个标签选项中挑选合适标签转化为从每个相同图形元素组中挑选标签，同时避免了遗漏标签的情况。尤其当标签数量较大时，这种每组阅读的方式比一个一个阅读的方式更加有效。

然而，A、B 组之间的实验结果差异带给了我们意想不到的结果。无显性结构的图标标签并未显著地改善文字标签的标注结果。在这次实验中，所有的图标标签都配有附属文字，同时提供文字信息和图形信息。在相关研究中发现，具有文字和图形双参考的知识表征反而对知识理解并无任何推动作用[208]。一些 B 组的被测者也提到，他们仅仅在理解文字有困难或者图标设计有特色时才会对图标进行关注，其他时候他们主要通过附属文字来对标签进行阅读。这样使得一般图标标签与文字标签产生几乎相同的作用，尽管图标对标签的理解和记忆都有所帮助，被测者不信任于完全通过图形来确定标签内容。另外，正如之前所说，R_x是一个综合标注质量和标注时间的复杂因子，一个较低的 Rx 值可能来自于标注的低质量也可能来自于标注的低速度。B 组被测者通过牺牲时间来使用文字确定图标内容，而 A 组则是在理解并再次搜寻文字标签上存在困难。综合地考虑 R_x的两个方面，一般图标标签较文字标签并无明显优势。B 组双参考的问题也同样存在于 C 组，但 C 组在双参考上的劣势可以通过可视化结构的优势来平衡并反超，从而最终展示出最优的标注结果。

三、本章小结

通过本次实验的多个测试，初步论证了相较于一般图标标签和文字标签，结构化图标标签能够改善标注过程的有效性。这一提高主要得益于可视化表征结构和图标对于标签理解和记忆的帮助。尽管图标标签的附属文字增加了标签理解和再定位的时间，但结构化图标标签所带来的可视化分类优势远远弥补了这些问题；相反，综合地考虑可视化表征和文字劣势之后，一般图标标签依然没有表现出明显的改善。

既然标注过程是一个复杂的认知活动，目前的实验结果并不能准确地揭示用户行为的细节，然而实验结果初步确定了结构化图标标签在可视化标注特别是可视化结构表征方面的高效性。为了进一步对此类标签进行深入研究，后期研究工作中将进行另一个扩展实验，在现有实验的基础上增加测试环节，用以追踪用户在图标化社会标注中的认知行为。

尽管本书所提到的图标标签都对应唯一的图形化表征，此方法将同样适用于多文字、多图标的情况。在这种情况下，文字标签将没有词语限制，同时每一文字标签也会对应多个相关的图标符号。这将服务于之后结构化图标标签的协同创建，自由地推荐图标符号以及图标附属文字，而图形化编码和可视化辨别语言中的先设图标将始终用于可视化标签结构。

在下一章中，我们将研究基于可视化辨别语言的图像标签系统的排列细节。我们建议使用语义的方式在系统界面中进行图标标签的排布。第二个标签测试分析并验证了这个假设，追踪了实验中各类行为特征。这两个实验将提供基于可视化辨别语言的图标标签系统的更为全面的概念和模型。

第五章 基于可视化辨别语言的图标标签系统排布方式建模与实验验证

在验证了图标标签的表征形式后,我们需进一步考虑在可视化界面上应以何种排布方式显示这些图标。标签系统的表征方式在一定程度上与标签云的结构类似。当涉及一小组标签时,可将标签系统的显示区域视为标签云的一个特例,二者间唯一的区别在于:标签云的目的是查找所需信息,而标签系统中的标签则用于集中和推荐用于注释的标签。但是,这两种标签表征的共同目标都是提供一个可视化标签界面,以便更准确、更快速地查找和检索标签。这一共同目标涉及如何为标签提供一个整体、有效的组织结构,而这一问题在标签云研究中取得了一定的进展。如上一章所验证,基于可视化辨别语言的图标标签系统在知识标注方面优于文字标签和一般的图标标签,因此有必要在本章中进一步研究这一类特殊标签的排布方式,从而全面地扩充该新型标签的理论概念。例如,如果有证据表明可视化的结构化语义标签排布比其他排布方式下的标签云更加有效,那么在之后的标签界面设计中,特别是标签数量急剧增加时,可视化标签将需要被排布在同一类别下的显示区域中,以用于快速定位目标标签。

在第四章描述的标注实验中,基于可视化辨别语言的图标标签相较于文字标签和无显化结构的图标标签在标注速度和标注质量上均表现出更优的特质。然而在该实验中三组标签均为随机显示,具有语义相关性的标签并不能保证始终排布在一起。作为对我们上一章研究假设的补充,本章实验旨在验证语义排布下的图标标签系统相较其他排布方式是否能够提高定位目标标签的速度和准确度。这一实验继续遵循了之前对标注效率的评价程序和方法,只是将实验平台从纸上测试转变为计算机测试。此外,用户在标注过程中的众多行为细节也得到了进一步追踪和准确剖析。

本实验的结果将有助于在理论上进一步完善和扩充基于可视化辨别语言的图标标签系统内涵,使图标成为知识的主要载体而非知识组织系统的部分功能。同时,在实践上更好地将图标标签云应用于知识组织系统以及其他与标签相关的可视化媒介界面设计中。

本实验通过语义布局和随机布局两种模式,将基于可视化辨别语言的图标标签与没有显化结构的图标标签进行比较。同时,通过追踪每类图标标签展示方式中的用户各类信息行为揭示标注过程中的学习模式。这一研究关注点符合当下以用户为中心的可视化媒介设计思想,并进一步强调用户在标签系统构建中的核心作用,如用户对标签的理解和标签的存储,这对于解释为什么和如何将标签系统设计逐渐趋向于最佳的标签交互性能都是非常重要的。

一、附加目标:关于基于可视化辨别语言的图标标签系统排布方式的思考

多个排布方法都可适用于文字标签云,例如,字母顺序排布、随机排布、大众分类法排布和语义式排布。然而对于图标标签而言,仅有随机排布和语义式排布使用这种特殊的标签形式。再加上之前有关文字标签云的研究证明语义式排布具有优势,我们认为基于可视化辨别语言的图标型标签在语义式的聚类方式下也展现更优的交互性。我们先对基于可视化辨别语言的图标型标签的语义式排布进行定义。

知识组织系统中的标签展示是一个动态的知识入口,用户通过选择推荐的标签来进行标注并更新标签,因此,标签排布必须同时对定位现有标签和添加的新标签提供便利。基于可视化辨别语言的图标型标签改善了文字标签在知识标注中的问题,图标的符号性质对被表征物进行解释的同时,图形性质加强了标签和被标注知识间的联系。特别是基础图标用以明晰来自同一观点、同一主题分支、同一特征名的标签。

正如上一章中所提到的,基于可视化辨别语言的图标型标签间的语义关系是图形关系和符号关系的整合,这得力于可视化辨别语言的定义。因此,语义式排布意味着具有同一基础图标的图标标签将被聚类在一起。安排同一类别下的标签(同一观点、同一主题分支、同一特征名)在一起仅需将具有相同图形编码的标签放在一起(同一形状、同一颜色等),尤其是同一观点中的不同主题分支标签将被依次排布(见图 5 – 1)。我们的科学假设是:基础图标将和图标符号一起用以确定标签的分类结构,因此这种类型的标签展示将更清晰地表征不同标签聚类的边界,用户查找和添加标签无须完全理解图标内容,标签含义的符号解释将更少被提及。

图 5-1 基于可视化辨别语言的图标标签的语义式排布（以图标标签云为例）

由于文字标签的语义式排布已被研究，本章仅涉及语义式排布和随机排布的基于可视化辨别语言的图标型标签与不具有显性结构的图标标签对比。不具有显性结构的图标标签作为控制组来分析标签类型和标签排布哪一个是标签展示有效性的更重要的元素。这里假设根据语义排布的基于可视化辨别语言的图标型标签将使标签查找和二次查找更加便捷。在下一节中，我们将详述实验过程并讨论知识组织系统中结构化图标标签的展示方式。

二、标签系统的语义排布验证

本次在线标注实验通过在线平台实现，并验证基于可视化辨别语言的图标标签的排布方式。在此实验中共有四类图标标签展示方式被选作对比对象（见图 5-2），其中 A 组和 B 组是为了验证是否语义排布对不具有显性结构的图标标签可以改善其随机排布的弊端，C 组和 D 组则是为了验证语义排布对基于可视化辨别语言的图标标签的影响，B 组和 C 组用以比较语义排布和图标标签的可视化结构表征中哪一个是标签表征的重要元素，A 组和 C 组则与之前的实验重合，证明结构化图标标签对于不具有显性结构的图标标签的改善作用。每一组被测者都被要求使用给定标签展板中的标签来完成 24 个知识文档的标注（模拟知识组织系统）。我们预测基于可视化辨别语言的图标标签的语义排布组将使得被测者更快（速度）、更准（准确度）地发现与定位有用标签。同时，本实验中多项用户信息行为也被进行了监测，包括标注一个知识文档的时间和变化趋势、寻求在线帮助的频率、曾被挑选过的图标和最终选定图标间的个数比例等。

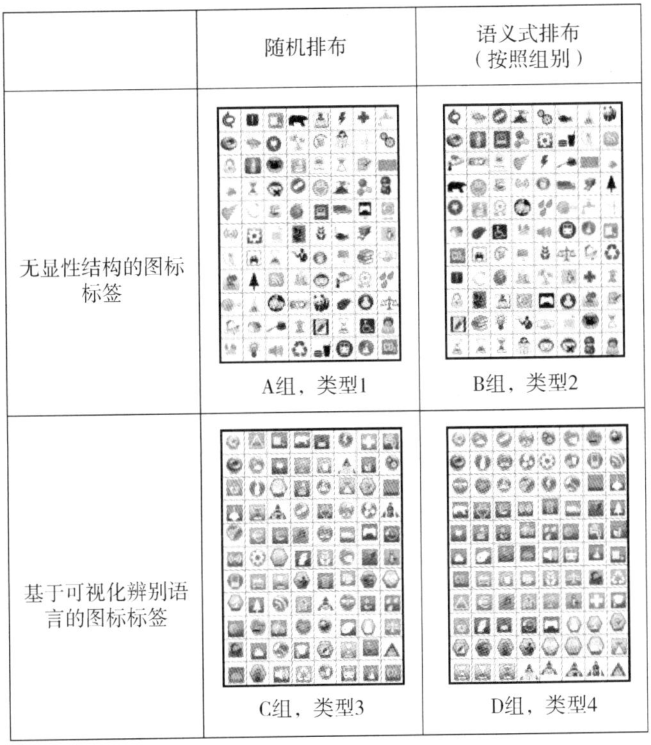

	随机排布	语义式排布 （按照组别）
无显性结构的图标标签	A组，类型1	B组，类型2
基于可视化辨别语言的图标标签	C组，类型3	D组，类型4

图 5-2　在线实验中的四组被测者和对应的标签展示

（一）参与者

48 个能够流畅使用法语的学生被邀请作为被测者，他们都是来自于特鲁瓦技术大学的计算机系在读研究生，包括 26 名男性和 22 名女性。他们被随机地分在四个测试组别里，分别对应使用四种不同的标签展板，每组包含 12 个被测者。

（二）实验材料

本次在线实验的实验材料包括四种不同类别和排布方式的标签展板（见图 5-2），以及 24 个知识文档（见图 5-3）。每个标签展板里的标签均来自和可持续发展相关的 7 个主题分支（两个观点）以及 3 个特征名门类下，两两之间因标签类型和标签排布而不尽相同。需要指出的是，四个标签展板中所用标签完全对应，即同一标签中使用的图标符号也完全相同。可视化结构表征和排布方式对于图标标签的影响将被同时在实验中予以测量。24 个需要被标注的知识文档与第一次实验材料完全相同，均涉及可持续发展领域。每篇文档也都以标题、相关图片和摘要的形式给出。

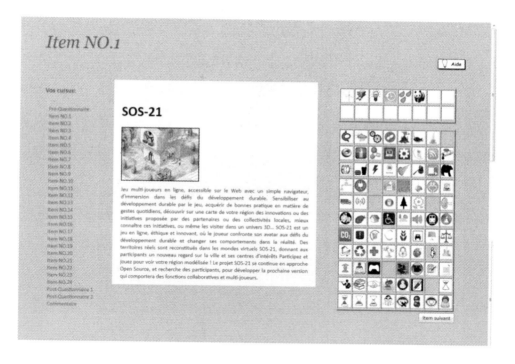

图 5-3　标注实验平台以及需要被标注的文档（以 B 组一号文档为例）

（三）实验步骤

本次实验由三个部分组成：实验先测问卷、标注测试、实验后测问卷。实验过程中并无严格的时间限制，但不允许中途暂停。

所有被测者利用提供的用户名和密码登录测试系统，系统将自动按登录顺序把被测者分配到四个不同的组别中（A1，B1，C1，D1，A2，B2，C2，D2，…），字母对应他们使用标签展板的类型。为了了解用户在可持续发展领域的知识获取程度，每位被测者首先需要完成一份由 10 个问题组成的实验先测问卷，其中 5 个问题涉及可持续发展的相关知识，另 5 个问题与个人对可持续发展的理解相关。

一旦用户完成了实验先测问卷就可以进入到在线标注环节。屏幕右上角有一个"帮助"按钮用以在需要时由用户点击来提供操作提示服务。对标签展板上的一个图标双击左键可以将此图标上传至标签选择区域（选择一个图标标签），在选择区域双击某一图标可将其返回至标签展板上的原始位置，同时在图标上单击鼠标右键可以显示该图标的对应文字。被测者在每个知识文档标注结束单击确认可以进入到下一文档标注活动中，而一旦标注结果被确认就不能再次退回修改。同时未标注的文档不能被跳过，必须按照顺序进行依次标注。当被测者完成所有标注之后单击"结束标注"就可进入到实验后测问卷环节，实验后测问卷主要用以探查哪种标签展板可以最好地协助用户辨识标签的聚类。在此环节中，用户被要求辨识方才标注实验环节中使用的标签展板的标签结构，并使用相同的操作规则对图标进行上传和撤回，然而在实验后测问卷中他们不能使用显示图标文字解释的功能。

此外，本实验还测试了几个新的变量。首先，用户行为记录是一个新的测试元素，在第一次测试中未使用。这种记录跟踪可以帮助我们更准确地了解所有组的标记过程，以及如何通过利用改善标注系统的视觉结构来提高标注效率。我们不仅关注项目的平均标注时间，还关注从第一个项目到最后一个项目的时间变化趋势。

其次，所选标签（曾经选择过的标签）和最终标签（已确认选择的标签）之间的比例变量。这里选择的标签是指曾经放置在标签选择区域中的标签，而确认的标签是指单击"下一个项目"时最终出现在标签选择区域中的标签。二者间的平均比例越高，说明参与者对标签选择的信心就越高。这个百分比也暗示了用户对于图标标签及其结构的理解水平和学习结果。

最后，测试系统中求助按钮的点击次数，用以说明用户是否在测试中难以操作，并将该变量与实验先测问卷中的先测知识测量进行了合并分析。

后测问卷通过用户对自己所使用过的四类排布图标标签展板来进行标签结构表征效果的测试（见图 5-4）。参与者必须通过浏览这些图标并利用符号解释和图形规则确定标签结构，最终记录该图标标签分类结构。测试者执行相同的单击操作来存储和删除选择图标。但在这一过程中，用户无法通过查看图标文字获得标签内容理解帮助，只能通过图标符号来进行标签含义的掌握和推测。该辅助实验用以检验标签结构可视化表征和标签排布方式对于标签定位和搜索的有效性。

辅助实验结束后被测者还被邀请来对测试系统和测试方案进行评论和提出建议，并阐述他们在实验过程中遇到的情况和问题，用以进一步提高测试质量。

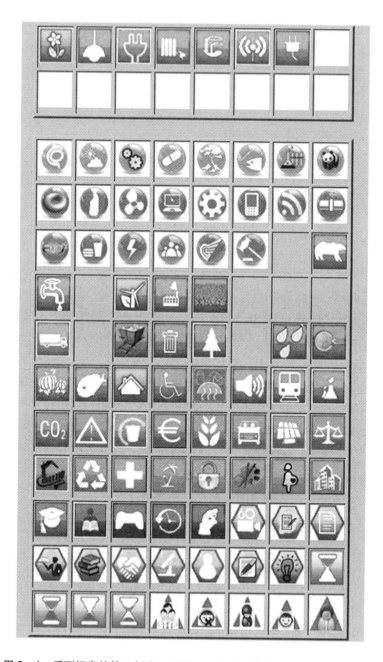

图 5 - 4 　后测问卷的第一部分：识别图标标签的分类结构（以 D 组为例）

（四）　实验结果

1. 先测问卷

实验先测问卷的每一个问题都只有一个正确答案（a、b 或者 c），被测者回答对一道问题将得到 1 分，而回答错误将得 0 分。问卷测试结束后所有被测者的得分形成一个得分列表，得分超过 6 分或低于 2 分的被测者的实验数据将被排除在分析之外，因为这说明这些被测者不在平均的可持续发展领域的先验知识范围内，从而影响最终的实验准确性。这种实验准确性同样会受被测者点击"帮助"按钮的次数的影响，那些频繁使用该按钮的用户说明存在误解测试操作的风险。

Levene's 方差齐性检验显示实验先测问卷中（$P = 0.572$）和操作说明阅读次数方差无显性差异（$P = 0.812$）。四组被测者的实验先测问卷得分分别为 A 组 8.5 分、B 组 8 分、C 组 8.4 分、D 组 9 分。ANOVA 检索表明用户在实验先测问卷中的表现并无显性差异（$F < 1$）。

四组用户对于操作说明的平均阅读时间分别为 2 分钟、1.7 分钟、1.7 分钟、2.2 分钟，使用 SPSS 软件分析后发现用户间并无显性差异。这两组测试结果共同表明用户的个体差异并不影响之后的标注测试数据。

2. 标注过程

在本次实验中我们使用标注质量（更多合适的标签被发现）和标注速度（更少的标注用时）两个变量来对比分析不同类型、不同排布方式的图标标签在标注过程和标注结果中的影响。

本次实验中继续采用第一次实验中的专家矩阵和 Rx 准则来分析标注质量。87 个标签对 1~87 进行了编码，5 名可持续发展领域的专家被邀请来使用这 87 个标签对实验中的 24 篇可持续发展文档进行标注。他们使用数字 0~5 表示该标签与文档间的匹配关系：5 代表完全匹配，0 代表完全无关。5 名专家对标签的平均评分值组成了专家矩阵，它反映了标签和文档间的内容相关关系。本次实验也依旧采取 R_x 变量的计算方式来反映标注质量。而实验中的标注速度则由标注用时直接反映：从开始标注测试一直到标注结束的总用时数。最终使用"Rx/标注用时"来进行最终标注结果数据的分析，它代表了单位时间内的标注质量。

Levens's 方差齐性检验表明 Rx 标注用时的显性差异 $P < 0.05$，因此继续使用非参数的 Kruskal – Wallis 检测来进行进一步分析。检测结果表明，语义排布的基于可视化辨别语音的图标标签对用户标注结果起到显著促进作用（$N = 40$，$P < 0.05$）。Mann – Whitney 测试反映出 C 组（$M = 238.2$）和 D 组（$M = 342.1$）间的显著差异，Mann – Whitney $U = 32$，$P = 0.04$。同样 D 组相较于 B 组（$M = 215.2$）也具有显著优势，Mann – Whitney $U = 5$，$P < 0.05$。与之前实验结论相

似，A组（M = 154.4）的标注结果明显差于C组，Mann – Whitney U = 15，P < 0.05；相反，A组、B组之间却没有显示出明显的差异，Mann – Whitney U = 32，P = 0.173。

3. 标注用时变化趋势

除了平均标注用时，标注时间的动态变化趋势也有利于分析用户的标注行为。从图5 – 5可以看出四组被测者均显示出相近的变化曲线：24份文档的标注用时从1号文档到24号文档逐渐减小。

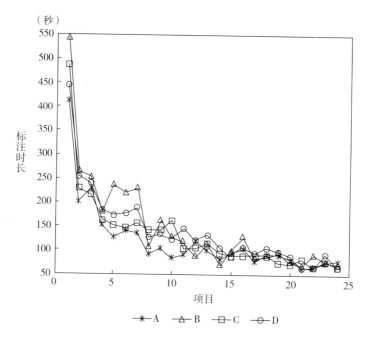

图5 – 5　平均单篇文档标注时长（四组）

4. 后测问卷

在实验后测问卷中验证了关于标签结构辨识的重要预测。其中主要验证被测者是否可以将所使用的标签展板中的标签归类，并比较其与预先专家确定的标签分组情况的匹配程度（七组主题和三组特征名）。能够完整辨识其中一组标签的被测者得到2分，部分辨识的得到1分，结果中混合有多于一组标签的不得分。

从用户对所辨识组别的命名情况可以看出，该被测者是仅通过图形化编码辨识出来的分组情况还是根据充分理解了标签内涵后通过图形化编码进行确认的分组结果。我们假设使用语义排布的基于可视化辨别语言的图标标签组将辨识出更完整的标签分组情况，当然也有可能基于可视化辨别语言的图标标签的两种不同排布方式显示出同样的聚类辨别能力。

在检测了方差差异性显著之后（P < 0.05）通过 Kruskal – Wallis 检测来分析各组间的实验后测问卷数据，该检测显示出显著差异，H = 40，P < 0.05。更具体地说，D 组（M = 12.4）显著地优于 B 组（M = 1.6），Mann – Whitney U = 8，P = 0.001 和 C 组（M = 3.2），Mann – Whitney U = 12，P = 0.004。如之前实验结论一致，C 组的 R_x 值明显高于 A 组（M = 0.6），Mann – Whitney U = 26.5，P = 0.037；相反，B 组却与 A 组并无明显差别，Mann – Whitney U = 44，P = 0.465。

5. 选择比例

Levene's 测试表明四组间具有方差显性差异（P = 0.025），随即进行 Kruskal – Wallis 检测表明四组并无显性差异（P = 0.149）。

（五）讨论

本次实验结果与预测基本保持一致，在同时考虑标注质量和标注速度的情况下，相较其他组别语义排布的基于可视化辨别语言的图标标签组可以有效地推进标注行为。

C 组和 D 组（比较语义排布相较随机排布是否可以改善基于可视化辨别语言的图标标签云交互）。正如在文字标签云中被验证的那样，语义构建的标签聚类能够产生更快、更准确的具体标签定位。同样地，语义排布的基于可视化辨别语言的图标标签展示出更优的标签选择导航作用。相较于第 3 类和第 4 类标签展示，语义排布的标签利用图形化变量，例如不同颜色、不同形状，可以更加清晰地表征标签间的分层结构。区别于 C 组中花费时间辨识先设图标信息，D 组被测者可以更快地捕捉到标签结构中的图形化信息。用户在实验问卷中对实验过程的评价也体现出了这一假设。D 组被测者提到在他们看到标签展板的第一时间就发现了清晰的标签分类结构：很多标签共享相同的图形基底；相反，C 组中的被测者尽管最终辨识到了标签的可视化结构，然而相较 D 组他们使用更多的时间来掌握这一隐含信息。同时实验后测问卷中有关标签分组的测试也再次说明了语义排布对于结构辨识所起到的指导作用。

基于 VDL 的图标标签的语义排布的优势也体现在与标注主题相关的知识文档中。用户习惯性地使用相同标签或是来自同一组别的标签来标注这些文档，例如，如果他们之前使用绿色的标签来标注一篇有关环境的文档，则极有可能之后再次使用这个标签或者其他绿色标签来标注其他与环境有关的文档。在随机排布的基于 VDL 的图标标签中，用户知道标签展板上还有其他绿色标签的选项，然而这需要花时间去寻找，并且有漏掉部分绿色标签的危险。相反，语义排布的基于可视化辨别语言的图标标签就可以避免这个问题，所有的绿色标签都始终相互聚类、紧凑地排列在一起。一旦一个绿色标签被发现了，其余绿色标签都会被自动定位。利用这种排布方式不但节省了定位标签的时间，而且提高了标注质量。由于来自相近组别的标签会更近地排列在一起，这使得用户在选取过程中也可以更全面地进行考虑，并提升选择自信。

类似于之前实验中的解释，用户在实验中逐渐适应于从每个可视化组别中挑选标签，这样从 88 个标签中进行选择演化成从 7 组标签中分别进行选取。在语义排布的基于可视化辨别语言的图标标签中这一个方法能得到更好的采纳。大多数 D 组被测者提到他们首先通过浏览每一具有相同可视化基底的标签组，然后定位到偏好的组别中再进行选取。而在 C 组中，尽管他们尝试去从每一个可视化组别中进行选取，但是因为由于所有标签都散乱地排布在展板的各个角落，发现一个组别中的所有标签并不那么容易。他们有时会忘记了哪一组别的标签实际上已经被浏览过，如果他们想返回去再次斟酌一下某个标签是否合适也无法快速地将这个标签找出来。

A 组和 B 组（比较语义排布相较随机排布是否可以改善无显性结构的图标标签云中的交互）。然而语义排布的无显性结构图标标签并未显著地优于随机排布组，在实验后测问卷的分组测试中也没有得到更好的结果：A、B 两组的被测者在分组测试中展示出几乎相似的分数。这一现象可以被解释为语义排布并未给该标签带来辅助效果。正如在文字标签云中验证的那样，语义排布必须保证足够好的标签表征质量，否则用户将无法区分该排布究竟是语义排布还是随机排布。因此语义排布必须在排布标签表征质量得以保证的情况下才能被使用。无显性结构的图标标签尽管提供了标签的图形化解释，却没有提供标签结构的可视化信息，也即标签间的语义关系。因此，用户使用这些图标时与使用随机排布的图标并无区别。对于随机排布的无显性结构的图标，也在先前的实验中证明在标注过程中表征力弱于随机排布的基于可视化辨别语言的图标。

B 组和 C 组（比较在标签云交互中语义排布和标签表征形式哪个更起主导作用）。从实验结果可以看出，语义排布推动标注过程的条件在于语义结构稳定且清晰（如 C、D 组），否则的话将与随机排布并无显著差别（如 A、B 组）。何为一个稳定而清晰的语义结构对于标签来说是一个重要的需要讨论的话题。一方面，当标签以文字或无显性结构的图标给出时，它们需要高度保持日常生活中的理解习惯、尽量少使用模糊的词汇，从而可以使用户轻易地辨别标签聚类情况；另一方面，如果标签被分成多个层级，需要添加辅助信息来辨识具体的标签结构，例如可视化辨别语言和先设图标，这些辅助信息通过细致、直观的标签结构来协助用户更快地辨识语义层级。同时，C 组比 B 组体现出更佳的标注能力，也反映了一个有趣的论证：标签类型（对于单个标签和其结构的表征）相较标签排布方式来说可能更加重要。B 组和 C 组的标签展板一个是在 A 组的基础上使用语义排布，一个是添加先设图标构造出基于可视化辨别语言的图标标签。然而实验数据显示 C 组能够大幅度提高 A 组的标注结果，却并没有显著提高 B 组的。对于具有可视化结构的标签来说，尽管标签被语义式排布也最终没有改善标注行为。因此，改善标签表征需要首先提高单个标签和标签结构的表征形式，然后再考虑设置何种排布方式。这些实验发现将对知识组织系统中可视化标签云的标签类型和标签排布的设计提供有价值的理论支持。

其他事件。C、D 组的平均用时要长于 A、B 组，可以推测使用基于可视化辨别语言的图标标签被测者能够发现更多的有用标签，因此他们使用更长的标注时间来进行标签挑选。而使用无显性结构的图标标签被测者由于很难从大量标签中进行选择，因而仅能够选出有限个合适标签进行标注。即使 D 组在标注过程中使用了更多时间，却仍然在单位时间内展示出最优的标注质量，这说明 D 组的纯标注质量要绝对性地高于其他组别。标注用时从文档 1～24 持续减少，暗含用户随着标注活动的进行逐渐掌握标签含义并熟练操作，对于标签含义和结构的学习使得标注时间不断降低。同时，可以看出，用户在无论哪种标签展板的使用中都显示了同样的用时变化趋势。

最终选定标签数量与曾选用标签数量间的比例这一变量上四组并无显示出显著区别，这与之前实验的结论也相匹配：两种图标标签都展示了同等的标签内容解释能力和记忆能力。在此次试验中，我们加强了这个结论：无论是随机排布，还是语义排布，都不会对标签的解释能力和记忆能力产生影响，用户将会对标签表征物的理解持有相同的自信度。也就是说，除了图标标签本身的符号之外，无论是可视化辨别语言，还是语义排布结构，都不能改善标签的理解和记忆能力。

三、本章小结

本章实验结果表明：基于可视化辨别语言的图标标签系统比无显化结构的图标标签系统更加有效。此外，实验结果发现在考虑标注质量和标注速度的情况下，语义排布方式极大地改善了标注结果和过程。

本实验的结果与上次实验一起使我们能够对基于可视化辨别语言的图标标签系统进行更全面的评价和阐述，从而得出一个有效的图标标签系统的设计准则。

目前所涉及的研究中标签仍然是以"专家推荐"模式而存在的，我们也希望进一步设计并实现具有"自下而上"参与式功能的共享图标可视化媒介来推进基于可视化辨别语言的图标标签系统的构建。在下一章中，我们将依托计算机支持的协同工作理论来讨论如何协同建立这样一个可供更广泛使用的参与性的可视化媒介设计方案。

第六章　图标标签系统的协同构建

　　众所周知，图标作为一种视觉表现形式是易读和通用的，但它们在知识标记的大量使用方面存在限制[209]。之前的一些图标系统，如医疗图标系统，需要很多设计师确认系统结构，创建数百个特定的图标，其中会考虑小用户的建议。如此庞大、高标准的工作使得图标系统的构建十分不便，以至于大多数实践者在知识标注、知识共享等知识管理活动中仍然倾向于使用文本标签。

　　此外，图标理解是一项复杂的认知任务，它取决于用户不同的背景、认知水平和信息目标。这也是知识构建者在知识组织系统中使用文本而不是图标来表示分类的原因之一，因为仅使用图标很难指出标记本身。例如，表示树的图标可以解释为文本标记"自然"或"植物"。虽然这些可能的文本标记通常在一个公共单元中进行排序，但是当需要指出确切的含义时，图标标记是无用的。

　　如果共享域发生变化，需要重新设计新的图标。例如，在医疗图标系统中，每个图标由代表特定类别的几个图形组件组成。然而，当应用领域从医学转向可持续发展时，原有的创造规律将不再适用。最困难的不是提出新的符号，而是用最少的修改来确定实际图标系统的结构。由于在一个社区中通常需要多个共享知识组织系统，所以，复杂的创建规则会限制从一个图标系统到另一个图标系统的交流。设计者必须考虑图标系统的可持续建设，以适应不同的情况，同时用户也必须适应新的图形规则，这就产生了繁杂的学习问题。

　　基于可视化辨别语言的图标标签系统之前已被描述和评估，其中，图像标记按照图形规则组织。评估证明，这些标志性的结构化标签利用显化标签组织提高了标签效率。这里的标签效率指标签系统中标签的快速查找和准确选择。然而，这个标签系统中存在的图标纯粹是由专家建议，无用户参与，每个文本标签只对应一个图标。

　　我们的目标是在一个社会社区中建立一个基于可视化辨别语言的图标标签系统，在使用该系统时，可以同时采用可视化（图标标记）和口头化（文本标记）的方式构建知识组织系统（见图6－1）。在图标系统（例如，它在符号学、记忆方面的优势）和文本系统（例如，它在消除歧义和词汇精确性方面的优势）之间有一种交互作用。对图像标记的符号解释将丰富对标记资源的理解；此外，图标标签系统的图形代码（先设图标）增强了标记和它们标记的资源之间的连接。基于可视化辨别语言的图标标签系统的这些好处都被认为可以改善知识标记和共享的效率[210]。在这个结构中采用合作活动也是有意义的，来自不同领域的参与者可以为一个公共共享环境的社会图标创建做出贡献。

图 6 - 1   在社会组织中使用图标标签和文字标签进行知识组织系统的构建

在本章中，我们将提出一个基于可视化辨别语言的图标标签系统来标记社会社区中的知识。这三个部分将详细阐述如何一起构建图标：系统中图标的分类、参与者的合作活动，以及一些额外的协作功能。

一、四类共建参与者角色

基于可视化辨别语言的图标标签系统旨在实现知识管理、人机交互（Human Computer Interaction，HCI）以及计算机支持的协同工作（Computer Supported Co-operative Work，CSCW）三个科学领域之间的链接。为了准确地解释协同构建的过程，我们使用"角色"的概念来定义该活动中的四种参与者类型。在图标系统的共建过程中，参与其中的四个基本角色为知识管理专家、设计师、用户和协调者，如图 6 - 2 所示。

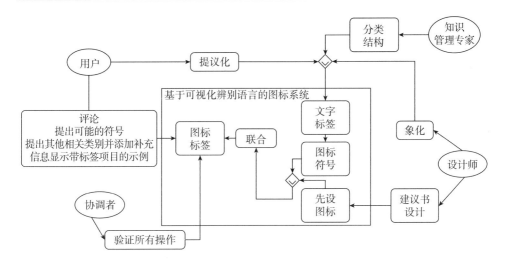

图6-2　本书提出的共建机制：四类核心参与基于可视化

辨别语言的图标标签系统的角色

　　基于可视化辨别语言的图标由 Hypertopic 模型对文字标签进行图标化。在开发基于可视化辨别语言的图标分类时，知识管理专家通过与给定领域的专家进行访谈，开始对文字标签进行分类。他们通过多角度、主题和属性列表来分析该领域的知识。他们的经验确保了来自主题和属性值的标签的合理结构。对知识管理专家的采访和分析也提供了文字标签及未来的图标标签结构之间的语义关系。基于可视化辨别语言的图标的分类与原始文字标签的分类完全相同。这种基于图标符号字符的分类方法自动尊重了基于图形字符的分类方法。知识管理专家也将对图标分类后的一种修改做出贡献，重点是图标的表示对象。例如，当一些用户搜索的图标不存在时，知识管理方面的专家可以与领域专家进行更深入的访谈，建议更多地表示与所需图标对应的对象。他们还可以根据当前的知识发展，更新与领域专家讨论的图标分类，比如添加一个新的图标类别或混合一些图标类别。知识管理专家从事的所有业务都涉及信息科学领域。他们把图标当作知识项目，用符号表示标签的含义。

　　合作建设的另一个重要角色是设计师。他们负责两种设计工作：前图标的设计和图标符号的设计。正如所定义的，先设图标是仅使用单个图形变量来表示图标标记的类别的图标，它们内部没有任何符号。当知识管理专家通过 Hypertopic 完成对文字标签的分类时，请设计人员设计视点、主题和属性名的先设图标。根据可视化辨别语言的图形规则，所有的视点首先被图标化成相同的形状，然后在相同视点下不同类别的主题仍然会被添加上不同的颜色。同时，所有的属性名都将被直接标记成彩色的形状。在这一步的设计工作中，设计师确定哪个类别将由哪个先设图标表示。换句话说，设计人员首先用简单的形状和颜色（或纹理）构建可视化辨别语言，以可视化知识管理专家对文本标记的分类。其次，设计人员为每个文本标记找到合适的符号。这些符号资源被认为是基于可视化辨别语言的图标的基本组件之一。最后，将特定的符号与对应的先设图标进行图形组合，得到最终的基于可视化辨别语言的图标。图标系统建立后，他们将被邀请提出进一步的改进，如设计更多的图标表示。特别是有时需要与知识管理专家和领域专家进行沟通，以保证设计工作的高质量。

正如我们前面讨论的，用户对基于可视化辨别语言的图标的共同构建做出了重要贡献。在这里，用户被定义为浏览和搜索基于可视化辨别语言的图标的用户，以及可以在图标上留下评论的用户。一旦知识管理专家和设计人员初步建立了基于可视化辨别语言的图标标签系统，用户就能够通过表示对象或图形变量来读取每个类别中的图标。如果他们成功地找到了有用的图标，他们可能会用它来标记一般用户的知识。如果有人找不到需要的图标或当前的图标表示不满足他，他可以留下评论，以寻求帮助。知识管理方面的专家、设计师甚至其他擅长设计的用户都可以考虑这些意见，并考虑解决方案，比如根据图标添加新的文本标记或提供与当前图标一起的其他图标表示。在这种情况下，用户充当贡献者，而不是普通用户，与其他角色合作逐步构建基于可视化辨别语言的图标。除了与其他参与者的交流，用户还可以实现协作活动，这些活动将在下一节详细介绍。用户的这些操作，使其成为合作建设的关键角色，从长远来看，将逐步丰富图标。

协调员是监督者，以确保所有的图标始终保持预定义的图形规则，即使每个角色有不同的贡献，协同构建也能运行良好。所有命题和修改都需要经过他们的验证。特别是当发生冲突时，协调者需要决定如何进行平衡。协调人作为项目经理，对每个参与者的行动进行组织合作建设。

在本节中，我们定义了共同构建基于可视化辨别语言图标所必需的四种类型的参与者。一开始，知识管理专家和设计师定义了一个初始的图标分类，然后所有的角色通过添加新的图标资源和修改那些不明确的图标对其进行合作。在下一节中，我们将精确地介绍这些角色所采取的主要活动，以详细说明他们如何在共同构建中协作。

我们想要创造的图标系统是一个半参与的系统，在这个系统中，知识管理专家和设计师共同定义图标的图形规律性。一旦这样的图标系统建立起来，并且有了明确的分类，用户除了在每个类别下添加他们的建议图标外，不允许改变可视化辨别语言的原始图标。这种半参与的概念为图标设计和图标更新提供了一个通用的标准，并确保即使出现各种命题，图标系统的结构也将是稳固的。

此外，基于可视化辨别语言的图标系统可以方便地修改图标结构。①它需要在一个社会社区中频繁地修改知识组织系统，例如插入一个新的类别或者改变某个类别中的一些元素。通过设计新的先设图标并在其上附加符号，可以很容易地将对图标标签的修改应用到基于可视化辨别语言的图标系统中。这一行动将独立地对其他现有类别进行，从而确保有一个相对稳固的系统结构。②一个社区可能需要多个子图标系统来表示和标记来自不同部门的不同知识组织系统中的资源。只有在共享上下文不同的情况下添加或取消先设图标，才能复制可视化辨别语言的图形规则。然后，将新符号与原图标相结合，将原图标系统转化为一个成功的图标系统。假设来自不同部门的用户能够快速地适应其他人的图标系统，而不需要学习新的规则，这将有助于他们之间的沟通。

共同构建一个基于可视化辨别语言的图标标签系统，首先，需要对图标对象进行分类表示，从而提供一个系统框架。其次，可视化辨别语言应为每个类别定义先设图标，并被提出和确认。在此之后，设计师和用户提出了图标的符号来丰富系统中的实体。在这一阶段，必须制定命题机制，以规范共建活动。最后，与在知识组织系统中处理文档一样，图标也可运用 Hypertopic 模型，通过主题、属性和资源对其进行类似的管理。每个图标都可以用补充信息来描述其属性。在下一节中，我们将阐述基于可视化辨别语言的图标标签系统的共同构建：分类、协作活动以及对图标文档管理的讨论。

二、图标系统中的图标分类结构

（一）以往根据符号字符或图形字符对图标进行经验分类

当图标系统中包含多个图标时，建立一个用于图标搜索的图标分类会更有效。如前一节所述，在图标系统中，分类是必不可少的，因为它通过显化的结构对图标的查找和共享进行简化。用户可以很容易找到一个目标图标，直接进入正确的类别。同样地，那些推荐新图标到图标系统的人也会发现，该单元可以快速准确地放置他们的图标。因此，我们需要首先建立一个合适的基于可视化辨别语言的图标分类，这些图标将被视为进一步的社会标签。

前人已研究了图标的分类。在 Wang 的工作中，研究人员列出并分析了 1983～2003 年的 9 个图标分类[211]。这些研究依赖于不同的分类标准，但始终关注于图标符号与被表征物之间的关系。结果表明，以前所做的图标分类主要是对图标的物理形式感兴趣。根据与现实的认知距离对图标进行分类。

最近，人们对图标分类进行了更深入的研究，并演示了三种图标分类方法。词汇分类指象形文字的分类，最初分为词汇词（或实义词）和虚词（或语法词）。语义分类的目的是将图标分类为事件和实体，或者动作和对象。通过表示策略的分类将概念转换为象形文字：视觉相似性、任意约定和语义关联。虽然这项工作为图标分类增加了新的因素，但仍然在概念上接近以前的强调符号理论的分类法。

事实上，谷歌图像的实践者已经展示了另一种图标分类方法，它更加关注图形特征（见图6-3）。这个函数允许快速选择通用图形组件的图标，而不需要符号表示，除非我们在搜索栏中需要一些东西。但是，这一次，将以一种尺寸或一种颜色全部显示一致的响应，以在外观上植入侧面条件。

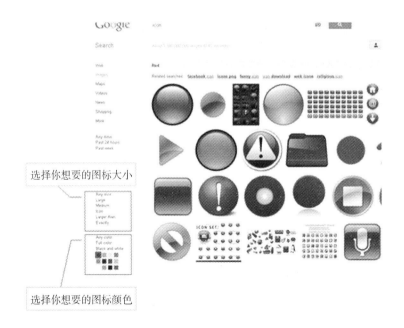

图6-3 谷歌地图中基于图形选项的图标分类与图标搜索界面

我们可以得出一个初步的结论，经典的图标分类主要集中在象征性的字符上，而基于图形质量的分类同样是可采用的。但是，按两种方法分类的一个图标单元可能不是永久相同的，如图6-4所示。考虑到它们的符号字符，4个图标被归类在同一个类别中，因为它们代表了能源上的所有对象。相反，在依赖图形特性时，它们被分为两个单独的类：红色的两个类和蓝色的两个类。两种分类标准之间的潜在冲突使图标系统的构建复杂化。为了满足不同的搜索目标，专家们必须准备两种图标分类方法，因为通常情况下，通过符号字符进行的分类与通过图形字符进行的分类是不同的。因此，基于可视化辨别语言的图标标签系统旨在避免依赖符号的象征性分类，简化图标的分类。

图标分类				
分类方法	通过符号字符		通过图解字符	
无显性结构图标				
基于可视化辨别语言的图标				

图 6-4　两类用以分类无显性结构图标和基于可视化辨别语言的图标的标准

（二）基于可视化辨别语言的图标系统中的图标分类

无论将哪个图标添加到基于可视化辨别语言的图标标签系统中，都必须遵守创建规则：先设图标加符号。即使最初的图标是随机设计的几种颜色或一种特殊的形式，进一步的图形操作将根据其他基于可视化辨别语言的图标进行转换。必须强调的是，下面所述的分类只是系统在特定上下文中的一个功能，而不是用来服务通用图标分类的。

当一个通用知识内容中包括多个基于可视化辨别语言的图标时，应该根据表示对象的分类对其进行分类。虽然这种分类方法与以往图标分类研究注重图标符号的分类方法相似，但其标准已不再是代表任意或相似的策略，而代表图标的真实含义。正如在介绍基于可视化辨别语言的图标时所提到的，这些结构化图标是由一组文字标签生成的。我们首先有一个文字标签单元（图标的子标题），这些标签由 Hypertopic 模型进行编目，然后将它们及其结构（文字标签的分类）进行图标化。这一次，图标的分类可以看作是一个相反的过程：我们有一个基于可视化辨别语言的图标单元，然后相应文字标签的结构将有助于其分类。也就是说，文本原型归为一类的标志性标签将始终保存在同一类图标中。

一方面，基于可视化辨别语言的图标分类由于可视化辨别语言的图形规律性，使得符号字符和图形字符的分类具有高度的一致性。例如，用户想要选择一个标志性的标签"植物"可以从类别"自然"或类别"绿色图标"中搜索。使用以前的图标分类，可能存在从两个类别得到截然不同的结果。但是，在基于可视化辨别语言的图标标签系统中，我们定义了绿色的方形图标，即预标签，代表自然的主题。"自然"和"绿色"的图标是完全一样的。因此，基于可视化辨别语言的图标标签系统将两个独立的分类集成为一个，从而简化了构造和实践。

另一方面，先设图标可以更好地处理一个图标标记涉及多个类别的情况，这在知识组织系统中经常发生。例如，标签"可再生能源"是一个多学科的话题。它与环境方面有关，关注能源和经济，以减少能源消耗。在文本标签的分类中，可再生能源将同时出现在"环境方面"和"经济方面"两个类别中。然而，文本形式在标记资源时不能显著地表示这两个类别。相反，基于可视化辨别语言的图标能够利用先设图标来适应多主题的情况。"可再生能源"的符号将分别贴在对应的"环境方面"和"经济方面"两个先设图标上，通过这两个先设图标，一个标签可以被归入多个类别。类似地，如果我们遇到几个具有相同表示对象的图标，它们的先设图标将决定它们属于哪个类别。

从这些证据看，基于可视化辨别语言的图标标签分类系统为寻找目标图标提供了一种有效的方法。这种分类最初依赖于表示对象的基于超拓扑的分类。同时，从图标的符号特征出发，利用可视化辨别语言和先设图标的优势，通过图形特征与图标的符号特征相结合。基于可视化辨别语言的图标标签分类也简化了图标系统的构建和多主题相关标签的管理。

三、基于可视化辨别语言的图标系统的协同活动

可视化辨别语言的图形规则允许用户和设计人员轻松参与。他们只需要学习创造规则，然后合作共同建设。本节将介绍在基于可视化辨别语言的图标标签系统中可能发生的四种操作类型。

首先，用户和设计师可以对现有的图标提出一个符号。在本例中，面向主题或属性值的子标题（文字标签）已经至少有一个对应的图标。用户总能找到另一种更容易理解的符号，设计师也总能找到一种更有艺术表现力的新思路。为解决新的图标不能适应实际系统问题，基于可视化辨别语言的图标标签系统提供了一种简单的方法。即加入建议的符号到固定的先设图标，以创建新的图标。即使符号发生了变化，预定义的先设图标也会使它在相同的类别中出现，而图标标签的类别也会保持不变。这个操作允许一个主题或一个属性值有更多的选择来应对图标命题的大量参与。

其次，现有的图标可以与其他类别的图标相关联。当图标表示具有多个主题的对象时，它可能与多个类别相关。在预定义的图标分类中，专家无法识别所有的如"可再生能源"等多主题图标，因此建议用户以后将另一个带有实际符号的先设图标重新生成一个图标。这个操作鼓励对图标的集体识别。每个用户都可以为现有的图标重新定义一个合理的相关类别。这个多主题—图标命题被认为是为了使知识标注更加精确，因为从多主题—图标标签的前图标中可以很容易地识别哪个领域被突出强调。

再次，对基于可视化辨别语言的图标标签系统提出一个全新的实体是有意义的。这个操作可以解释为插入表示的对象和相应的图标，类似于在知识管理系统中添加主题和属性值。知识管理专家和用户也可以创建一个新的图标标签，仅仅提出它的文本形式，并要求那些擅长设计的人给出相应的图标表示。但是，这些文本标记是每个类别中的新项，而不是现有图标的可能标签。可以肯定的是，新图标将始终保持固定的先设图标。在图标与之匹配之前，管理员不会接受这种类型的文本命题。

最后，用户可以对图标进行评论，主要是关于图标的设计和适用区域。用户可以根据图标解释的质量来评论符号的可理解性，或者就可能的图标文本解释给出建议。这个关于文本意义的命题暗示了要标记的知识类型。例如，一个符号工厂的图标可能有几个对应的文本标记，如"工业""工厂"，甚至"污染"。如果有人得到其他人建议的这些标签，他可能会使用这个图标标记对这些主题感兴趣的知识。虽然每个人对图标都有自己的理解，并且会将相同的图标应用到不同的领域，但由于因为社会标记中存在语义模仿，所以其他人的命题在某种程度上限制了适用领域的趋势。如图 6-5 所示。

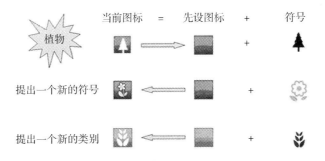

图6-5 组合先设图标和表征符号的协同构建基于可视化辨别语言的图标的方法

这四项操作致力于基于可视化辨别语言的图标标签系统的协同构建，从上到下和自底向上两方面增强图标系统的功能。他们通过尽可能多地吸收所有参与者的想法来避免专家推荐的图标系统的限制。同时，通过可视化辨别语言，新的链接图标不会干扰实际的系统结构。

四、讨论：从图标系统到知识组织系统

虽然基于可视化辨别语言的图标标签系统作为知识组织系统的补充系统，其中的图标被视为未来的图标标记，但其中的图标是实体，它也能够像独立的知识组织系统一样工作。这里，Hypertopic 作为一种协议，通过主题、属性和资源管理图标，就像处理文档一样。

首先，图标的主题揭示了代表对象的图标分类。这种分类采用了 Hypertopic 提出的标签结构，其中图标的每一种符号解释都涉及一组视点或属性名。如前所述，在可视化辨别语言的图标标签系统中，将基于图形字符和符号字符的图标分类统一起来。添加或搜索图标类似于知识组织系统中的目标文本项的过程。

其次，图标还可以附加属性和资源。一个图标的贡献列表可以包括它的创建时间、像素信息、设计师、建议的应用领域和其他有用的信息。用于图标的资源将与用于上传的链接相关，或者与此图标之前标记的文档相关，以显示以前应用的示例。图标的实际证据可以从协作活动中获益，比如，建议使用资源中的链接表示关系密切的对象的图标，或者在属性中添加一些注释以建议适用的领域。

由于图标标签能够标记一个项目，所以它们也可以作为图标的标签使用。这样，要标记的图标在知识管理系统中被视为一个项目，而用于标记的图标是另一个图标系统中的图标标记。然而，一旦基于可视化辨别语言的图标标签系统被实现用于具有固定知识上下文的社会共享，那么，使用文本标记图标以避免混淆就会使其更清晰。用图标标记图标在概念上是可以实现的任务，但仍会导致可读性方面的其他问题。

从基于 Hypertopic 模型的成功的知识管理系统样本中获取证据，基于相同理论原理构建的基于可视化辨别语言的图标标签系统也可以作为知识组织系统进行管理，并特别关注社会交流中的知识标记。

在验证了基于可视化辨别语言的图标标签系统能够提高标记过程的有效性后，我们提出了如何在给定的知识环境中共同构建用于社会标记的图标系统。该系统以符号和图形两种方式强调了综合的基于 Hypertopic 的图标分类、每个图标的属性列表和用户的四种协同操作。此外，基于可视化辨别语言的图标标签系统通过一个简单的先设图标加符号的创建规则，很容易适应各种知识的标注和共享。它的优势在于满足当前社会信息目标多样化的知识背景。总而言之，我们的贡献在于：合作构建提供了一种更简单、更有效的方法来创建基于可视化辨别语言的图标标签系统，在这个系统中，结构化的图标标记使得在视觉上和口头上组织社会交流中的知识成为可能。

第七章　使用基于可视化辨别语言的图标标签系统进行信息搜索

　　搜索用户界面相关的研究聚焦于如何提供对信息内容和结构的可视化访问[212]。其具有吸引力的特征可以指导用户的信息搜索行为，并在搜索过程中起到导航作用[213]。社交标签是搜索用户界面设计的有用组件之一。标签能够表示和概括信息的内容，这对信息搜索具有非常大的意义[214]。通过理解专家或其他用户提供的标签，可以更容易地找到目标标签的信息或具有语义相关主题的一组文本。但是，最常见的标签格式（文字标签）可能会导致基于标签的信息搜索出现问题。这些问题可能来自不同用户不同的单词（语言）选择，也可能来自用户信息目标的多样性[215]。这种词汇和语言种类的增加导致文本标签与由这些标签标记的文档之间的联系变得越来越不明显，这可能影响信息搜索的有效性。

　　基于VDL（Visual Distinctive Language，VDL）的标志性标签是一种结构良好的图标，可以解决文字标签存在的问题。这些特殊标签使用符号表示标签内容，并使用图形代码来可视化标签的语义结构。之前的实验结果表明，与文字标签相比，基于VDL的标志性标签具有更多的信息标记优势。但是，作为评估标记方法的关键标准，基于VDL的标签并没有在以前的研究中用于信息搜索领域。这正是我们在本书中研究和呈现的内容。

　　更具体地说，本书的目标可以分为两个方面。

　　一方面，用户搜索界面中的可视化是开发更好的搜索界面设计的一种高级的话题和途径[216]。作为用户搜索界面中的常见组件，标签被创建用来改进信息搜索并在搜索过程中强调以用户为中心的交互。但是，大多数基于标签的搜索设计都应用了更多的文字标签，其中通常存在词汇和语言问题。这些问题阻碍了用户接近准确地搜索目标并降低搜索效率。基于VDL的标签是一种新的标记方法，可以改善文字标签所存在的问题。VDL标签不仅具有信息搜索中的传统标签能力，而且在考虑视觉表示特征时也具有更多优势。因此，研究基于VDL的标志性标签是否改变了用户基于标签的信息搜索行为是用户搜索界面和信息检索领域中一个有意义的问题。

另一方面，先前对基于 VDL 的标志性标签的研究调查了如何将它们应用于信息标签。作为标签特征分析的关键点，还应研究标签在信息搜索中的功能[217]。此外，由于基于 VDL 的标志性标签最重要的特征之一是加强标签内的语义关系，因此视觉识别的标签结构是否可以改善用户信息搜索行为也是值得确定的。本书的研究成果可以丰富基于 VDL 的标志性标签的理论，使其变得更加完整和彻底。如果基于 VDL 的标志性标签被证明可以改进信息搜索过程，那么这些标签可以被认为是用户搜索界面设计的可视化方法示例。

基于这些原因，我们提出了一个关于 VDL 的标志性标签的深入研究，研究重点是用户信息搜索。我们调查的具体研究问题如下：

RQ1：用户的图形认知如何帮助用户进行信息搜索。

RQ2：标记信息的可视化结构是否会影响信息搜索行为。

RQ3：基于 VDL 的图标是否增强了标签在信息搜索中的作用。

在下一节中，我们首先回顾基于标签的信息搜索和基于 VDL 的标志性标签的理论基础。其次介绍一个两阶段的信息搜索实验，包括参与者、材料和程序。再次将分析实验结果和统计分析，讨论并解释信息搜索过程和先前基于 VDL 的标志性标签研究的新颖性。最后我们从理论和实践的角度总结本研究的贡献。

一、实验方法

针对引言中提到的三个研究问题，本书设计并进行了信息检索实验。为了提供完整的演示，我们研究了两种典型的搜索模式：没有特定目标的信息搜索和有特定目标的信息搜索[218]。没有特定目标的信息搜索是指用户基于给定的组织浏览信息，理解全局主题分布；有特定目标的信息搜索是指用户从给定的语料库中找到所需的信息[219]。

我们考虑验证基于 VDL 的图标标签在两种搜索模式下是否都能改善信息浏览和信息搜索行为，以及基于 VDL 的图标标签所具有的视觉编码的方式在搜索过程中发挥了作用。此外，还可以从实验结果中获取和扩展得到研究问题的答案。通过比较基于 VDL 的图标标签和文字标签，本书在两个子测试中评估了主题分布的总体识别，以及从标记信息到特定搜索问题的速度和准确性。同时，本书跟踪分析了用户如何将基于 VDL 的图标标签应用于搜索目标的行为细节，以及基于 VDL 的图标标签的哪些特征对搜索速度或搜索精度的影响更大。作为最常见的信息格式，我们在实验中使用了文本信息作为实验原料[220]。

本实验以 100 分钟为限，包括先测问卷、两项信息检索测试和一项后测问卷。选择可持续性发展领域的相关内容作为实验背景。先测问卷用来获取实验对象关于可持续性发展相关领域知识的掌握程度；后测问卷则是询问他们在基于标签搜索的两个测试中所获取的经验和启示。每个子测试后面都有一个所需搜索任务的列表：第一个测试中的问题侧重于信息组织，第二个测试中的问题涉及信息主题。特别地，两种信息搜索测试都考虑了顺序。按照"通用特定"的信息访问规律性：用户首先需要识别信息分类，然后搜索相关的信息目标。所以本书先进行子测试一，再进行子测试二。同时，子测试二的准确性和速度会受到信息组织识别的影响，而信息组织识别是子测试一中评估的主要因素。从测试一到测试二是"简单—复杂"的思考变化过程。因此，无法更改两个子测试的顺序。

（一）参与者

西安电子科技大学的 72 名学生参与了这项实验。其中，信息管理专业女生37 人，男生 35 人。通过抽签，将所有参与者随机分为 A、B 两组：文字标签的A 组（36 人）和基于 VDL 的图标标签的 B 组（36 人）。所有参与者在测试前或测试过程中都没有接受过任何关于结构化图标标签的培训或指导。参与实验的各组彼此间可见，但两组的参与者并不知道他们使用的标签是不同的。

（二）实验材料

两个子测试的实验材料是可持续发展领域中 30 个具有连续编号的文本和150个基于 VDL 的图标标签资源。这 30 份文本是从可持续发展主题下的在线文章、新闻或简短报道中挑选出来的，文字标签组和基于 VDL 的图标标签组的文本标签的编号都在 1~30 间。这 30 页文本是从不同的主题类别中选择得出，并且在各个主题均匀分布。同时，在这些文本中有些文本具有相关的主题或共同的属性，所以在此讨论它们的组织是有意义的。为了使文本格式一致，每篇文章的字数都不超过 700 字。

本书中，我们重用了在之前的研究中创建的基于 VDL 的图标标签资源。这些标签的生成顺序为："文字标签"→"图标标签"→"基于 VDL 图标标签"。首先，从专家推荐的知识组织系统 CartoDD 中选取可持续发展领域的 150 个文字标签。主要包括 7 个主题类别："影响方面"（经济、环境、社会和象征）和"知识和科学"（技术和工程、社会科学和自然科学）。这些文字标签用于 A 组。文字标签被确认后，就设计适当的图标来表示这些文字标签。其次，使用 VDL中的先设图标，将图标符号附加到相应的先设图标上，创建基于 VDL 的图标标签。在我们的测试中，文字标签和基于 VDL 的图标标签具有一对一的关系，这确保了两个测试组只有一个变量可以比较：标记格式。

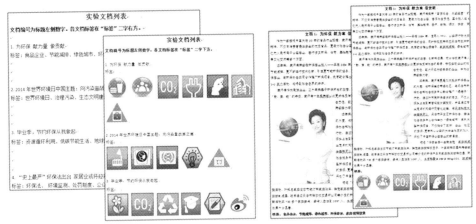

图 7-1 文本标签组和基于 VDL 的图标标签组子测试的实验材料

（左：没有特定目标的信息搜索；右：有特定目标的信息搜索）

（三）实验步骤

整个实验过程分为 7 步：

（1）所有的参与者抽签决定他们属于哪一组。如果抽到"A"，则他或她是 A 组的成员之一；同理，其余参与者为 B 组。"A"和"B"的数量均为 36，保证两组有相同数量的参与者。实验中，参与者只知道有两个测试组，但没有被告知两个组将使用不同的实验材料。

（2）分组结束后，A 组同学坐在教室左侧，B 组同学坐在教室右侧。工作人员将向他们介绍测试的一般程序。参与者只会被告知过程，而没有被告知实验的目的或实验的细节。首先，实验参与者需要填写一份先测问卷，交付先测问卷后参与者将领取到实验测试材料。实验包含两个子测试，要求实验参与者回答每个答题纸上的信息搜索问题。因为实验子测试顺序的问题，需要子测试一结束并提交材料后子测试二才能进行。其次，在完成这两个部分之后，所有的参与者都需要填写另一份问卷来描述他们在实验中的经历。整个测试将持续 100 分钟，不管实验参与对象是否完成测试，任务实验都将结束。

（3）结束实验介绍和实验指导后，实验正式开始。每个参与者都被分发了一份先测问卷。首先实验参与者需要在问卷上填写他们的编号（这里即参与者的学号）。然后他们要回答 10 个问题，这些问题反映了他们对可持续发展领域的理解，例如，"你们上过多少关于可持续发展的课程"，对于每个问题，有 3 个选项，根据参与者的答案得到的分值分别为：0 分、0.5 分或 1 分。例如，对于"你上过多少门关于可持续发展的课程"这个问题，选择选项 A（"0"）将会得 0 分，选择选项 B（"1~5"）将会得到 0.5 分，选择选项 C（"大于 5"）将会得到 1 分。

（4）完成先测问卷的参与者交付问卷后将得到下一个测试的材料。A 组的成员会得到文字标签，B 组的成员会得到基于 VDL 的图标标签。首先记录子测试一的开始时间，然后开始测试。实验参与者使用带标签的文档回答搜索问题，特别是关于给定文本的组织。一旦被试完成了实验所设置的寻找任务，他们可以记录结束时间，交答题纸。这些测试的结果将作为子测试二的材料。

（5）同样，测试者需要记录子测试二的开始时间。A 组成员使用文字标签获取材料，B 组使用基于 VDL 的图标标签获取材料。要求 A 组成员列出相关文本编号，完成 23 个信息查询问题。每个问题可能有 0 个、1 个或多个正确答案。例如，在查询"哪一篇课文学习了水的保护"问题时，如果被试没有发现相关的课文，他可以记录"没有"；如果有，则将标签序号标记在答题纸上。一旦被试完成了寻找任务，参与者就可以记录最后完成的时间，交答题纸，并得到后测问卷。

（6）后测问卷涉及 5 个开放问题，用来调查实验参与者在两个子测试期间的经历。特别是使用标签寻找任务的经历。从后测问卷调查结果中，本书将明确不同类型标签在信息搜索中的作用，也可以将搜索者的行为作为结果分析的证据和原料。

（7）整个实验过程完成后，实验组织者向实验参与者解释本次测试的目的和研究问题。参与者将会理解为什么两个组会轮换进行实验，为什么需要一个接一个地进行两个子测试。此外，实验组织者还将解释什么是基于 VDL 的图标标签，以及为什么标签在信息搜索中是有意义的。

（四）实验结果

在实验前，我们邀请了 5 位可持续发展领域的专家来完成子测试一和子测试二的搜索任务。他们被邀请使用文字标签（以节省使用基于 VDL 的图标标记的时间）来为每个搜索问题提供答案。在测试前，他们会讨论他们的答案是否有冲突。最后，他们确认了两个搜索测试的完整答案列表。我们使用这个列表来评估每个测试者的搜索结果。所有用户在 100 分钟内完成了整个测试过程。因此，从所有 72 个参与者样本中提取了以下结果：

1. 先测问卷

在先测问卷中，没有一个参与者的得分超过 7 分，也就是说，所有参与者都符合参与测试的要求。测试平均分数 A 组为 3.5（SD = 1.1）、B 组为 5（SD = 1.3），同构方差检验结果显示，在先测问卷结果中两组间无显著性差异（P = 0.632）。然后，对先测问卷的结果进行了方差分析无显著性差异（F < 1），说明研究对象的差异不影响研究后续研究。

2. 没有特定目标的信息搜索

没有特定目标测试的信息搜索问题有两种类型：是或否问题和 5 道多项选择题。对于是或否的问题，选择正确答案的参与者将获得 5 分，错误则为 0 分。对于多项选择题，每个问题的正确答案都是一系列编号（问题 3 除外，问题 3 只有一个正确答案：在你看来，怎么做可以创建许多类别来对测试材料中的所有标记进行分类）。当参与者的答案与答案列表相符时，他或她得 1 分，回答错误则失去 1 分。每个参与者的得分计算式为式（7 - 1）是或否题为 10 题，多选题为 31 题。除了准确性，我们还对响应的速度感兴趣。完成第一个子测试的时间是 10 ~ 27 分钟。因此，该子测试的每个参与者的最终得分是通过除以他或她的测试时间来计算的，得分按式（7 - 2）计算。

$$S_1 = 5 \cdot n_r + \left(\sum m_r - \sum m_w \right) \tag{7 - 1}$$
$$S_{1a} = S_1 / T_1 \tag{7 - 2}$$

其中，S_1 是子测试一中每个参与者的分数、S_{1a} 是除以分钟后获得的分数、n_r 表示在是或否的问题上得到的正确答案的个数、m_r 表示在多项选择题中获得的正确答案的个数、m_w 表示在多项选择题中获得的错误答案的个数、T_1 为子测试一所花费的时间。

A 组平均得分 12 分，B 组平均得分 25 分，平均每分钟 A 组得分为 0.54 分，B 组为 1.67 分。Levene 的同方差检验显示，两组得分的方差之间不存在显著的异质性（F < 1，P = 0.67）。通过 Levene 检验（F < 1）检验方差的同方差性后，采用重复方差分析（ANOVAs）方法对两组未进行特定目标检验的知识搜索组的得分进行分析。B 组使用基于 VDL 的标志性标签（M = 25，SD = 47.3），显著优于 A 组使用文字标签（M = 12，SD = 35.6）：MD = 13，P = 0.028，如表 7 - 1 所示。

表 7 - 1　在没有特定目标案例的情况下寻找信息搜索结果

	是或否类问题的平均分	多项选择题平均分（正确答案）	多项选择题平均分（错误答案）	最终的平均分数	最终平均每分钟得分
A 组	5	19	12	12	0.54
B 组	10	23	8	25	1.67

3. 有特定目标的信息搜索

有特定目标测试的信息搜索有 23 道选择题。对于每个问题，测试者需要找到与搜索目标相关主题的信息文本。同样，一个正确的文本号码参与则将得到 1 分，而一个错误的号码会导致 1 分的损失。这个子测试的总分是 100 分，见式（7 - 3）。与第一次测试类似，我们对被试反应的速度仍然很感兴趣，将所得的分数除以时间得到调整后的发数，见式（7 - 4）。完成第二次测试的时间在 35 ~ 59 分钟之间。

$$S_2 = \sum l_r - \sum l_w \tag{7-3}$$

$$S_{2a} = S_2 / T_2 \tag{7-4}$$

子测试二中参与者获得的分数，S_{2a} 是除以时间后，参与者每分钟获得的分数，l_r 代表正确答案的个数，l_w 代表错误答案的个数。T_2 代表子测试二完成的时间。

A 组平均得 52 分，B 组平均得分 74 分，A 组平均每分钟得 1. 27 分，B 组平均每分钟得 2. 55 分。因此，使用非参数 Kruskal - Wallis 检验对结果进行了分析。本试验提示基于 VDL 的图标对信息搜索行为有显著影响：N = 45，P < 0. 05。通过 Mann - Whitney 检验进行更深入的分析，A 组（M = 52）与 B 组（M = 74）有显著差异：Mann - Whitney，U = 13，P < 0. 05，如表 7 - 2 和图 7 - 2 所示。

表 7 - 2   特定目标信息搜索结果

	正确答案的平均得分	错误答案的平均得分	最终的平均分数	最终平均每分钟得分
A 组	76	24	52	1. 27
B 组	87	13	74	2. 25

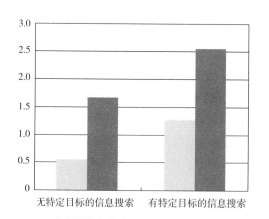

无特定目标的信息搜索　　有特定目标的信息搜索

文本标签（A组）　　VDL图标标签（B组）

图 7 - 2   两种标签类型在无特定目标信息搜索和有特定
目标信息搜索中的平均得分比较

二、实验发现

根据上面的统计分析，基于 VDL 的图标标签组的用户识别信息文本的隐式组织更好，VDL 图标标签帮助用户缩小了搜索范围，发现潜在的标签信息。同时，与文字标签组相比，基于 VDL 的图标标签组用户通过对标签汇总的文本信息进行图形化表示，更准确、更快速地发现了搜索目标。在两种搜索情况下，基于 VDL 的图标标签组的用户在搜索准确性和搜索速度上都表现得更好。信息检索实验的演示可以回答本书开头提到的三个研究问题，并带来以下启示。

（一）研究发现 1：在识别信息结构的搜索过程中，用户的图形化认知有助于理解信息内容

基于两组测试的统计结果，基于 VDL 的图标标签用户在允许的时间内比文字标签用户更好地回答了信息搜索问题。基于 VDL 的图标标签是一种使用了图形组件可视化地表示标记内容和标记之间关系的图形标记。因此，与文本理解相比，用户还会将图形认知应用于基于标签的信息搜索。

符号表示可以提高对文本主题的理解。几乎所有的参与者在问卷调查后都表示，为了节省时间，他们使用了标签而不是长单词来理解文档的内容。只有当标签太深奥而无法确定其含义时，用户才需要通读文本以选择文本主题的证据，并为每个问题花费更多时间。例如，为了完成"请查找有关污染的文本"的搜索任务，被测试者可能会阅读标有"碳循环"的文档。然而，"碳循环"是化学科学领域的一个专业术语。不熟悉该字段的用户可能无法确定标记的确切含义。因此，他们不能确定这个词是否与污染有关。为了确保其中的关系，用户必须返回到整个文本，并决定该文档是否适合他们的搜索目标。在这种情况下，标记的文本表达式会导致用户对文档摘要内容的理解出现偏差，并延长搜索时间。这一困难在 A 组的后测问卷中经常被提及；相反，这个基于 VDL 的图标标签小组表示，在经过几个问题之后，他们很少考虑文本内容，因为图形意义可以提供他们对复杂环境问题的视觉理解。

同时，基于 VDL 的图标标签暗示了图形外观和文档主题之间的隐含联系。与文字标签不同，基于 VDL 的图标标签除了提供标签的含义之外，还可以提供颜色和形状等视觉信息。例如，当几个关于环境主题的文档总是用绿色方块图标标记时，读者会将"环境"和"绿色方块"联系起来。因此，下一次他们需要

搜索关于环境的文本时，带有绿色方块图标的项目将是他们的首选。换句话说，基于 VDL 的图标标签在图标和标签之间构建了两个可能的桥梁：一个是从图标到信息类别的图形桥梁；另一个是象征符号和标签意义之间的桥梁。两者都可以帮助用户更快地识别标签和标签信息之间存在的关系[221]。后测问卷调查还显示，在基于 VDL 的图标组中，一些参与者更喜欢使用带有常见图形或符号字符的图标来阅读标记的文本。这种优势可以提高搜索目标的准确性，缩短搜索时间。

（二）研究发现 2：标签的视觉结构说明了信息之间的隐式关系，能够让用户探索更多潜在的已被标签标记的相关信息

基于 VDL 的图标标签组的用户能够识别紧密相关的主题之间的关系，能够更好地识别隐含的信息类别。基于 VDL 的图标标签的优势体现在标签和标签信息的视觉结构上。

与文字标签相比，用户从基于 VDL 的图标标签的图形代码更容易从大量标记中获取全局分类。因此，用户识别文字标签的组织应该会花更少的时间。一些参与者在问卷调查后表示，他们试图通过寻找常见的标签或具有相似含义的标签来将一个文档与另一个文档关联起来。与读取每个标记的文本组相反，基于 VDL 的图标组能够使用公共图形库确定两个标记之间的关系。例如，即便是用户不确定两个红色标记指的是什么，他们也可以认为这些红色标签应该有相关或者相同的主题。参与者可以通过检查其他红色标签的意思来确认他们的主题。

基于 VDL 的图标标签的视觉结构也可以加强文本之间的关系，这对信息搜索具有重要意义。对于每个搜索问题，总是有多个文档涉及类似的主题。在文字标签组中，为了完成每一个任务的搜索目标，用户需要扫描所有的标签，然后确定哪些标签引用了类似的主题。然而，基于 VDL 的图标组能够使用通用或类似的先设图标来定位所有可能相关的标记，然后定位所有相关的标记信息。从时间的角度看，使用可视化工具识别相关标签比读取每个标签更有效。

此外，先设图标可以更好地处理一个标签与多个信息类别相关的情况。例如，"可再生能源"是一个多学科的热门话题。它与"能源"等环境主题和"减少能源消费"等经济主题相关。信息文本有时需要强调"可再生能源"的"能源"主题，有时则需要侧重"可再生能源"的"经济"利益。当"可再生能源"以文本标记的形式出现时，用户会发现它以单一而独特的文本表达形式出现。然而，这一单一的表述不能同时明确地表达"环境"和"经济"信息类别。相比之下，基于 VDL 的图标标签可以通过先设图标适应多个主题的情况。"可再生能源"的一个标志性符号将被附加到与"环境"和"经济"对应的图标上，因此一个文字标签将成为两个具有不同图形格式的视觉标签，可以被归类为两个信息

类别。两个信息文本都是关于"可再生能源"的，但主题重点不同，在不同的先设标签下，基于 VDL 的不同图标标签会反映不同的信息文本。

在实验中，用户只允许通过标签来组织信息，而不需要阅读文本内容。对于文字标签组，识别信息结构的路径是全面理解标签的含义。对于文字标签组来说，由于只理解给定标记的文本表达式，因此忽略了一些本应组合的文档。然而，由于基于 VDL 的图标标签通过先设图标改进了与多个主题相关的标记的表示，因此即使标记来自不同的视觉组，使用相同符号标记的文档也应该是相关的。

（三）研究发现 3：基于 VDL 的图标标签增强了标签在信息搜索中的作用

标签在信息搜索中的传统作用是提供被标记信息的摘要内容，并用语义相关的标签对信息进行聚类。用户应用标签的文本表达来发现感兴趣的信息，并将读取的信息标记出来，为以后的用户提供信息理解和识别的服务。在基于标注和标签的搜索过程中，标签成为用户之间沟通的桥梁，同时在搜索和被搜索过程中不断完善对信息的描述。基于 VDL 的标志性标签加强了这一桥梁的作用，体现在以下几个方面：

首先，基于 VDL 的图标标签使标签成为信息搜索中的信息指南。基于 VDL 的图标标签的图形化特性可以帮助用户提前理解信息内容，尤其是复杂的信息内容。信息的复杂性可以通过信息表达的形式和含义来说明。例如，医疗信息通常涉及专业词汇和概念，可以使用基于 VDL 的图标标记进行注释，以方便普通用户理解。此外，医学信息中所涉及的人体部位很难用文字准确表达，使用基于 VDL 的图标标签直接在人体地图上显示某些医疗信息，将比文本更直观地表达信息所涉及的身体部位。基于 VDL 的图标标签的图形化和符号化特征使得该标签类似于信息索引和信息标识。一方面，基于 VDL 的图标标签具有普通图标等美观、吸引人的特点，增强了用户阅读搜索目标的兴趣，使用户积极思考标签的意义；另一方面，在一些具有"Map"等图形化特征的搜索环境中，基于 VDL 的图标标签提供了文字标签所没有的和不可替代的优势。基于 VDL 的图标标签还可以与其他信息资源进行整合，以更好地显示搜索背景的整体分布。

其次，基于 VDL 的图标标签利用它们的图形代码和先设图标可以构建可持久扩展的信息网络。也就是说，由于标签具有相同的先设标签结构，所以可能不是搜索目标的信息也会被合并到现有的信息库中，这对于在信息搜索中不断发现潜在的目标是非常有价值的。实验结果表明，在基于 VDL 的图标标签组中，用户将其作为一种可视化工具可以快速定位搜索目标，挖掘潜在目标。在标签资源丰富的过程中，由于视觉语言独特的结构和可逐步扩展的信息组织特点，标签信息网络也将同时得到丰富。此外，基于VDL的图标标签简化了信息搜索过程，允许用户在同一图标风格的小范围内搜索和定位信息。特别是，一旦用户掌握了某种类型的先设图标所表达的信息内容，他或她就可以直接跳到该先设图标的类别中进行进一步的搜索，而无须逐个重新排除不相关的标签和标记信息。同时，先设图标的功能允许用户从不同的分类角度定义一个标签，这意味着一个文字标签中的单个表达式变成了多个来自不同先设图标的图形标签。这也使得标签的使用和标签信息的描述更加灵活多样，不再局限于单一的标签形式。

最后，基于VDL的图标标签鼓励用户更积极地使用标签进行信息搜索。在文字标签阶段，标签使用更多的是对原始信息文本的概述。当标签不能直接全面反映信息内容时，大多数用户会选择直接阅读信息本身。标签是信息搜索的辅助工具。从实验中可以看出，在实验过程中，当用户对图形化代码更加熟悉时，基于VDL的图标标签使得用户不再需要阅读整个信息文本。他们采用基于VDL的图像标记作为快速获取信息的手段，进行信息结构识别和目标信息搜索。这与图形语义的研究成果密切相关：与文本信息搜索相比，可视化信息搜索可以提高搜索效率。基于VDL的图标标签是作为一种视觉信息的应用，从标签在信息搜索中的作用的角度再次印证了这一结论。基于VDL的图标标签增强了用户使用标记搜索的信心。这也离不开基于VDL的图标标签的两个优势：标签内容的符号意义和标签结构的图形化表示。用户既不需要面对大量的标签逐个浏览，也不需要花费大量的时间去理解标签的含义或澄清标签之间的关联。用户通过视觉元素就能找到目标标签，也会找到更多有用的标签信息来完成信息搜索过程。本书跳出了之前讨论用户标签原因的研究，展示了如何鼓励用户自愿进行基于标签的信息搜索。这也表明标签的设计和使用方式都是增强标签在信息搜索中的交互性的重要因素。

三、本章小结

本章对基于VDL的图标标签进行了深入的研究，重点研究了这些标签对信息搜索的帮助。实验结果和讨论表明，基于VDL的图标标签不仅可以改善没有特定目标的信息搜索过程，而且可以改善有特定目标的信息搜索过程。此外与文字标签相比，基于VDL的图标标签可以帮助用户更快、更准确地搜索信息。这种优势源于标签结构的视觉表征和标签意义的符号意义，有效提高了用户对被标记文本的理解。

从理论的角度来看，本书的发现进一步证明了基于 VDL 的图标标签在信息搜索中的优势。这些优势将与之前研究中的其他发现一起，作为基于 VDL 的图标标签的更完整的示范。本书反过来可以构建一个新的标签理论：一方面，图形特征增强了标签内部的语义结构；另一方面，符号特征解释了标签的含义。这两种方法都旨在使用可视化工具创建一种基于但不限于文字标签理论的新标签方法。这种新的标签方法符合并且可以利用当前信息管理的趋势：结构越复杂，内容就越丰富。同时，本书也揭示了如何在基于标签的信息搜索中激发用户的积极性。改进的标签格式具有明确的标签含义和标签结构，可以增强信息搜索中的标签的角色与功能，以及用户与标签信息的交互。

从实践的角度来看，研究结果表明，将基于 VDL 的图标标签应用于搜索用户界面设计中，使得在线信息更容易访问，并且提供更好的用户搜索性能。例如，基于 VDL 的图标标签可以应用于以地图相关的信息搜索，如旅游信息。所有的旅游文本都可以用来自不同类别的基于 VDL 的图标标签来表示。一旦用户打开旅游管理系统的地图，他们便会在地图上不同的地理位置看到几个结构化的图标。这些基于 VDL 的图标标签将通过先设图标来提供旅游信息的总体分布。例如，如果绿色方块预图标表示一个自然景观，那么所有带有绿色方块预图标的基于 VDL 的图标标签都表示分布在一定地理范围内的自然景观。此外，根据绿色方块中基于 VDL 的标志性标签的数量，用户可以识别出与其他类型的旅游信息（其他类型的先设图标）相比，自然观旅游信息是否更加丰富。基于 VDL 的图标标签也被认为可以帮助用户进一步搜索信息。当用户需要了解特定位置的自然视图时，可以从先设图标列表中选择"绿色方块"，然后其他类型的先设图标中所有基于 VDL 的图标标记将被隐藏，只留下绿色方块。用户可以单击该位置的其他基于 VDL 的图标标签，以获取更多信息。

第八章 案例分析——使用图标标签系统进行旅游信息搜索平台设计

由于现代社会的不断发展，人们的生活水平不断提高，对于旅游服务的需求也日益增多。随着旅游事业的发展和旅游地图需求量的增加，旅游地图的编制和出版日益受到各国重视。1974 年第七届国际地图学会议以后，旅游地图一直被列为历届国际地图会议的中心议题之一，所以旅游信息的展示方式也变得越来越重要。旅游地图是显示旅游地区、旅游线路、旅游点的景观、交通和各种旅游设施的地图。它是为旅游者和旅游业开发、管理服务的专题地图，所反映的内容包括游览、娱乐、饮食、住宿、交通、购物设施，以及与旅游有关的地理位置、气候等地理条件和旅游费用等。

一、旅游信息系统的构建背景

20 世纪 50 年代以来，旅游业在世界各地一直保持着快速发展的态势，并对社会、经济、文化发挥着重要的乘数效应。在这个过程中，随着全球信息化的扩大，旅游业对信息的依存度越来越高[222]，如何在现实旅游过程中解决旅游信息多元性、不对称性等问题已成为当今阻碍旅游业发展的一大难题。另外，随着信息技术的进步和管理信息系统的发展，特别是物联网、云计算、移动互联网等技术创新与普及[223]，旅游业管理人士探索新的旅游信息获取途径和传输方式，有关运用这些新兴技术建设更加高效的旅游管理信息系统的研究也越来越多。互联网环境下的旅游管理信息系统推动着旅游业发展的变革，使旅游业主动或者被动地打破原有的发展模式[224]，进而探索发展新的"智慧旅游"的途径。本书梳理了国内外对于此类旅游信息系统的研究，并从两个方面对此进行阐述：一方面，涉及在互联网环境下的旅游信息管理系统的理论研究，全球信息和信息技术的快速发展是旅游发展和建设的环境背景，因此利用计算机技术以及互联网、移动互联网、云计算、人工智能等技术建设当代旅游信息系统已成为不可阻挡的趋势，此类研究主要是探索寻求上述新技术在旅游信息系统上的应用；另一方面，列举了国内外几个主要的旅游信息系统实例，此类研究是对于已存在的旅游信息系统的结构与应用技术上的剖析，在一定程度上辅助了当代旅游信息系统的理论层次的研究。

二、互联网环境下旅游信息系统的研究

现代旅游信息系统实际上是"智慧旅游"的一个层次体现。旅游产业的快速发展以及旅游行业对信息的消费需求使得旅游信息化和信息应用成为旅游产业发展的趋势和必然选择，在这种情况下，世界各地都在积极探索发展"智慧旅游"的新途径[225]。例如，欧盟早在 2001 年提出"创建用户友好的个性化移动旅游服务"。2005 年，美国科罗拉多州 Steamboat 滑雪场使用了为游客配置的RFID 定位装置反馈系统——Mountain Watch[226]，能够实时监测游客的位置，推荐滑雪路线，反馈游客消费情况，为游客提供安全便捷的科技化服务。韩国的"移动旅游信息服务项目"使游客可以通过网络或移动网络来进行旅游咨询服务[227]。与此同时，我国许多城市也将智慧旅游纳入城市信息化规划和旅游发展的规划中，部分城市已付诸建设实施。

在"智慧旅游"思想基础上，已有不少研究将互联网、物联网、云计算和移动通信等新兴技术运用在了旅游管理信息系统不同层次的建设上，例如，在数据收集阶段，有通过挖掘大量地理标记的 Flickr 图像提供快速和准确的旅游目的地检测的研究[228]，从而为旅游信息的准确收集带来了便利。在定位环节，通过复杂的定量研究讨论虚拟环境对旅游业的影响，并提出关于开发 ICT 设施的意见，以便在旅行的三个阶段广泛使用网络 GIS 应用，改善基础设施和移动应用[229]。还有研究使用遥感分析工具以及地理信息系统（Geographic Information System，GIS）来调查一系列空间数据集，从而建立空间地质数据库，可根据包括环境因素和风险在内的获取和管理标准进行评估[230]。有学者直接将 WebGIS 技术运用到传统旅游地理信息系统当中，实现地理位置服务、路线导航查询、景点多媒体介绍、景点真三维虚拟展示以及网友互动分享照片等功能[231]。在旅游信息反馈环节，有依托于旅游社交网络的内容数据设计的用于旅游网络观点的视觉分析系统 VisTravel，可以有效地分析游客的区域趋势和情绪变化，也可以帮助旅游管理部门更加彻底地了解旅游网络的意见[232]。在信息更新的时候，主要由一组合作代理，包括数据收集代理、URL 代理、数据更新代理和管理代理组成的跨媒体大旅游感知系统，可以提高跨媒体大旅游者的感知效率[233]。上述研究在旅游管理信息系统构建中的具体层次如图 8-1 所示。

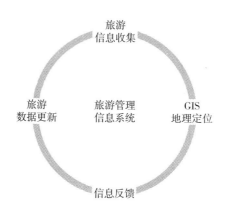

图 8-1　旅游信息系统研究层次

对于在网络环境下的旅游管理信息系统的建设已有不少相关研究，并且涉及系统建设的各个方面：旅游信息的收集、信息的显示、反馈机制、旅游数据的更新等[234][235]，但在信息的图标显示方式、网络环境下的搜索方式和一些旅游基础设施的建立[236]等方面稍有欠缺。如果没有完善的旅游基础设施，就无法保证信息的可靠性和完整性，而图标显示方式、搜索方式则是移动互联网时代下影响用户使用体验的最基础因素[237]，而本书根据在这些方面的研究提出了相关建议。

三、旅游管理信息系统实例

国外的旅游信息系统的结构大致分为三类：

第一种是以国家旅游信息数据库为核心的组织结构，其数据库包含了全国的旅游信息，它是使用一台微型计算机通过转换盒连接，使得各个终端进入系统数据库，并且系统开发和运行所需要的资金由国家提供，如丹麦国家旅游局设计的旅游目的地信息系统[238]。

第二种是属于地区层次的旅游信息系统，相比于第一种，这类系统是以计算机为基础，每个计算机通过专用软件与地区性信息系统实现联网。它们提供的信息往往更加准确、系统更新更加快捷，更利于游客的出行，如奥地利蒂罗尔旅游信息系统和瑞士阿彭策尔旅游信息系统[239]。阿彭策尔旅游信息系统使用了视频传输，极大地丰富了旅游信息系统数据库的内容。

第三种是区域性网络结构，即不同地区之间的旅游信息系统形成网络，实现不同地区之间的资源共享，如荷兰的地区性网络旅游信息系统。

我国虽然拥有众多旅游资源，但旅游业起步较晚，而旅游信息系统的研究建设更是在改革开放后的 20 世纪 80 年代初期才开始的。例如，在国家"六五"计划期间，中科院承担了科技攻关项目专题——"建立遥感地理信息系统"实验研究和计算机技术研究，初步建立了一套"微机国家旅游资源信息系统"。该系统是在全国旅游资源全面普查完成的基础上，对资源进行了系统的分类，采用了系统分析的方法，建立了由地理信息基础库、旅游资源库、服务设施库、游客统计库、资料库组成的旅游资源信息系统。与此同时，湖南地质遥感所也推出了具有自身特色的旅游信息系统——湖南省旅游资源数据信息库。目前，北京、上海等中型、大型城市也已建立了自己的旅游信息系统[240]。但总的来说，我国的旅游信息系统建设涉及地区不多、系统种类贫乏，系统规划缺乏整体性、系统功能不完善、宣传不到位导致无人问津。究其原因，一方面是因为没有将理论与实践很好地结合起来；另一方面是因为各地区未能足够重视，导致了在整个建设中没有很好的规范性标准。并且，做出的系统没有被运用到现实生活中。此外，加大有关部门的宣传也是亟待解决的问题之一。

以下是国内与国外一些旅游管理信息系统的对比：

（一）国内

图 8 - 2　陕西省旅游信息系统界面（1）

图 8-3 陕西省旅游信息系统界面（2）

图 8-4 北京市旅游信息系统界面

（二）国外

图 8-5 荷兰旅游信息系统界面

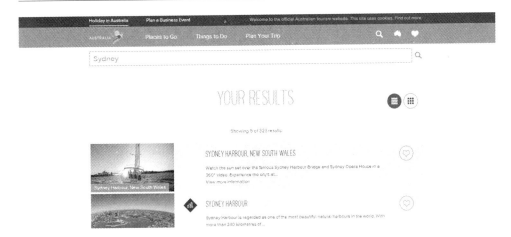

图8-6 澳大利亚旅游信息系统界面（1）

图8-7 澳大利亚旅游信息系统界面（2）

四、旅游地图的特点

（一）突出信息

旅游地图是旅游信息的载体，主要反映一个区域的旅游资源及旅游服务设施和机构。旅游资源是吸引游客而形成旅游地域系统的基本物质条件，是具备一定旅游功能和价值的自然景观与人文景观资源的总称。例如，山、水、岩、洞、寺、庙、塔、桥等。旅游资源是形成旅游行为的起因，旅游地图是旅游资源的传播媒介，潜在的旅游者通过旅游地图而了解这些名胜古迹、奇山异水。旅游服务设施和机构即旅游媒介包括旅游宾馆、饭店、交通设施、通信设施、旅行社、旅游公司等。在旅游地图上，必须突出而详细地表示旅游媒介的分布、类型、规模及等级。这些信息经过地图综合处理，使用地图符号系统存储在旅游地图上。

（二）艺术性

旅游地图的主要服务对象是游客，在提供旅游信息的同时，还应满足游客旅游行为中追求美的心理需求。因此，旅游地图表示方法的选择及符号的设计应在保证地图科学性的前提下突出艺术美。例如，突出名山胜水的雄、奇、险、秀、幽、旷、野的形态美。旅游地图上的地貌一般不采用等高线表示，多利用透视写景、鸟瞰写景、彩色遥感图像及晕渲法等多种艺术手法烘托。旅游地图也更注重色彩的应用，采用与自然色彩类似的复合色系，充分应用色彩的象征与联想、对比与变化，使美丽的山水对旅游者产生强烈的视觉冲击。在城市旅游图及综合旅游地图上，为加强未依照比例表示的旅游资源、旅游设施的视觉效果，多采用实景、象形或象征符号，如机场使用飞机图案、码头使用船舶图案等。在旅游地图的布局上，往往采用多种图文配合的形式，即用地图表示旅游要素空间分布的特点及其规律，用其他艺术图片突出个性特征，再配以对应图片的简练文字介绍，使地图这种表示方式更易被旅游者接受。旅游地图既是引导旅游的工具，也是吸引游客的艺术收藏品。

（三）适用性

旅游地图经常应用在游客的旅行游览中，游客在不同的景点、景区，往往需要查阅整幅旅游地图的不同部位或游客当前所处的位置等，旅游地图常以折叠线为界，按旅游路线、旅游区、旅游景点分片、分行、分列排列地图、图片和文字，各图的幅面大小及排列方式要充分考虑地图在旅游动态活动中的需要。

（四）针对性强

在各类旅游地图中，出版最多、发行量最大的是旅游人群集中的大城市和著名风景区。如北京、上海、西安、桂林、黄山、长江三峡等地的旅游地图。在市场经济条件下，只有推出选题紧扣旅游市场，具有明确的服务对象和服务目的的产品，才能有很好的销量。例如，近几年江西经济迅猛发展，城市扩张较快，南昌、九江等城市的交通旅游图也适时更新；针对社会上兴起的休闲度假旅游，推出了海南岛、千岛湖等地旅游度假的综合旅游图；为满足专项旅游的需求，许多地方还编制出版了各种专题旅游图，如美食购物指南图、城市休闲娱乐指南图等。只有推出这些紧扣市场需求的产品，才能让旅游地图产生更大的经济效益和社会效益。

结合我们身处的信息时代，可以将线下旅游地图做成在线旅游地图（若自己制作费时、费力、耗财，技术不一定过关，但是有许多大公司开放了 API 接口），更加方便易用，渲染效果也会更好，旅游地图的艺术性和针对性也会得到进一步提高。为此我们选用商用较优、口碑好、名气大、开发简单的 WebGIS 旅游地理信息系统。

五、四个第三方地图的特点

若自己制作地图工作量太大，因此此处使用第三方地图。共有四个方案：谷歌地图、OSM、百度地图、高德地图。

（一）谷歌地图（Google Map）

谷歌地图是 Google 公司提供的电子地图服务，包括局部详细的卫星照片。此款服务可以提供含有政区和交通以及商业信息的矢量地图、不同分辨率的卫星照片和可以用来显示地形和等高线的地形视图。2014 年 3 月 5 日，谷歌表示：印度 22 个城市的用户已经可以使用谷歌地图访问 75 个当地较为流行的室内场地地图，包括位于古尔冈的 Ambience Mall、新德里的 Select City Walk 购物中心等。

（二）OSM（Open Street Map）

OSM 是一个以创造内容自由且能让所有人编辑的世界地图为目标的网上地图协作计划。OSM 的地图由用户根据手提 GPS 装置、航空摄影照片、其他自由内容甚至单靠地方智慧绘制。OSM 网站的灵感来自维基百科等网站。可从该网地图页的"编辑"按钮及其完整修订历史获知，网站里的地图图标及向量数据皆以相同方式来分享 2.0 授权。经注册的用户可上载 GPS 路径及使用内置的编辑程式来编辑数据。如苹果、微软都在使用 Open Street Map。

（三）百度地图

百度地图是百度提供的一项网络地图搜索服务，覆盖国内近 400 个城市、数千个区县。在百度地图里，用户可查询街道、商场、楼盘的地理位置，也可以找到离用户最近的所有餐馆、学校、银行、公园等。2010 年 8 月 26 日，在使用百度地图服务时，除普通电子地图功能外，还新增三维地图按钮。最近，百度地图还添加了街景功能。

（四）高德地图

高德地图是中国领先的数字地图内容、导航和位置服务解决方案提供商。2010 年，公司在美国纳斯达克全球精选市场上市（Nasdaq：AMAP）。高德拥有导航电子地图甲级测绘资质、测绘航空摄影甲级资质和互联网地图服务甲级测绘资质的"三甲"资质，其优质的电子地图数据库成为公司的核心竞争力。

（五）Google Map、OSM、百度地图、高德地图的比较

Google Map、OSM 的 API 接口丰富，百度地图次之（接口数量在快速增长），高德地图的接口数量最少（主要是因为现在高德地图还未真正投入商业使用）。

本次主要利用地图来显示陕西的每个景点，用 Google Map 大材小用，且由于 Google 服务器在国外，因此即时正常访问速度相较于高德地图和百度地图较慢。OSM 地图服务器也在国外，所以访问速度也是问题。高德地图商用较少，很多 API 接口不是很齐全。所以，我们选用百度地图作为项目的第三方地图，它的 API 接口数量多，功能齐全，界面简洁大方，开发工具较多，商用也是目前国内最好的。

2012 年地理信息开发者大会以"新技术、新模式、新商业"为主题，是地理信息领域最具影响力的技术性盛会，其宗旨是不断引领和促进地理信息技术的创新与变革。2010 年 4 月，百度地图宣布免费开放，应用开发者可发挥创意和创新能力，结合百度地图，开发出更多精彩的应用。

百度地图是一套由 JavaScript 语言编写的应用程序接口，能在网站中构建功能丰富、交互性强的地图应用程序。百度地图不仅包含构建地图的基本接口，还提供了本地搜索、路线规划等数据服务，可根据自己的需求进行选择。百度地图的技术特色和平台优势包括：海量地图数据及空间数据，内存、系统开销小，地图应用控件化，数据接口丰富，用户自定义程度高，独有的事件处理机制。

针对传统 GIS 开发周期长、过程复杂、建设成本高的缺陷，利用百度地图 API 技术建立基于 WebGIS 的旅游地理信息系统。WebGIS 利用百度地图 API 地图应用接口，获得更加丰富的动态，实时更新地图数据，确保了数据收集的时效性，并将注意力转向应用创新，节约了开发的时间和成本。特别是百度地图 API 与 WebGIS 结合应用在一些小型的地理信息系统中，使得以 WebGIS 形式发布的地理信息更便利、更准确、更智能（百度开发者中心、百度地图 API 介绍：http：//developer. baidu. com/map/）。

百度地图为用户提供了强大的各项电子地图功能，它减轻了服务器压力，实现了数据的即时交互响应，用户在它的基础上进行二次开发，可实现各种个性化及专业领域的网络服务。将百度地图应用于旅游资源信息，为旅游资源的收集、

保存、整理、分发与利用提供了一种网络化、便捷的、形象直观的处理方式。

利用百度地图的经纬度［百度地图经纬度坐标和 GPS 设备获取的坐标、Google 地图坐标、soso 地图坐标、amap 地图坐标、mapbar 地图坐标两两之间均不相同，其他坐标转换成百度地图坐标定位到各个景点。详情请参考百度开放平台（http：//developer. baidu. com/map/index. php？ title = webapi/guide/changeposition)］，然后点击我们标注的景点展示各种信息，帮助用户更好地利用我们展示的旅游信息。

六、设计思路

（一）整体设计风格——扁平 + 拟物

2008 年，谷歌提出的扁平化（Flat Design）概念的核心就是放弃一切装饰效果，如透视、纹理、渐变等能做出 3D 效果的元素一概不用，所有元素的边界都干净利落，无任何羽化、渐变。尤其在手机上，更少的按钮和选项使界面干净整齐，使用时格外简洁，可以更加简单直接地将信息和事物的工作方式展示出来，减少认知障碍产生。

扁平风格的优点：

（1）扁平风格的一个优势就在于它可以更加简单直接地将信息和事物的工作方式展示出来，减少认知障碍的产生。

（2）随着许多平台的网站和应用程序涵盖了越来越多不同的屏幕尺寸，创建多个屏幕尺寸和分辨率的 Skeuomorphic 设计既烦琐又费时。设计正朝着更加扁平化的设计方向发展，可以一次保证在所有的屏幕尺寸上观感较好。扁平化设计更简约，条理更清晰，且具有更好的适应性。

拟物设计（Skeuomorph）是一种产品设计的元素或风格，指原有物件中某些必需的形式在新的设计中已不再必要，但新设计仍模仿旧有形式，以使新的外观让人感觉熟悉和亲切。这可看作技术领域中的路径依赖。计算机图形界面上的拟物设计如苹果的 Mac OS X 和 iOS 系统中，用户会发现许多拟物化设计的软件，比如备忘录的设计，这样的设计让用户感觉自己在使用真实的备忘录，且学习成本很低。而 Podcast 的设计，只有点击 Podcast 封面后，才能看到这样的设计。当然 GUI 上的拟物设计并不只存在于苹果系统，Windows 7 的 Windows Aero 界面就是一种拟物设计，它模仿的是磨砂玻璃，并且有强烈的阴影效果。

扁平设计风格的优点和基于地图的信息展示的初衷完全一致，且百度地图的整体设计风格也是偏向扁平化，因此我们的信息展示风格和图标设计也进行扁平化风格设计。但是，图标若仅仅使用扁平风格，很难将图标需表达的内容表达清楚。扁平设计风格是清除无用的事物，还原真正有用的、让用户注意的事物。拟物设计风格则是吸引用户看一个事物。所以，将二者结合，清除无用的、不需要用户过度关注的事物，将用户需要注意的事物再加以修饰，效果会更好。所以最终采取整体扁平化设计风格、图标拟物设计风格。

（二）设计细节

总体设计包括百度地图的主界面［包括比例尺、版权信息、景点的标注点（以西安市的大雁塔景点为例）］、单击分类弹出的详细分类窗口、单击标注点弹出相应的信息窗口及右边的分类栏共四大块。

1. 旅游信息地图的设计思路

鉴于每个景点有一个或多个关键字（景点特点，如国家 5A 级旅游景区、部分特殊人群限免等），每个关键字又对应多个景点，这样景点和关键字之间就形成了多对多的关系。景点与关键字之间的关系变得十分复杂，因此，我们采用特殊景点特殊关键字的方法，为每个景点选取一个相对特殊的关键字，将地图和景点之间的关系变成一对多的关系（一个关键字，多个景点）。开始打开的界面是每个景点的图标，点击右侧的分类栏可以就是一个二级分类菜单，是每个大类下面的详细小类。例如点开人文旅游资源时，地图上所有的属于人文旅游资源的景点就被全部标注，如图 8-8 和图 8-9 所示：

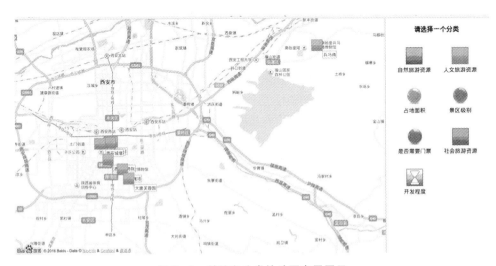

图 8-8 某信息分类的地图布局展示

图 8-9 某单个旅游景点信息展示

这是为了方便用户进行更详细的信息筛选，当然用户也可以点击旁边的空白处取消对话框，或直接选取地图上标注的点。在选择了一个分类和详细的分类时，图标会变成我们重新设计的图标的样式（32px * 32px），每个图标右下角的显示景点的名称和默认的一致。当用户点击一个景点的图标或图标右下角的方框后，会弹出一个显示这个景点基本信息和标签信息的窗口，其中标签就是我们设计的景点的关键词，且点击信息窗口内的图标也会跳转到其他和此景点有相同标签的景点。

2. 旅游信息地图的主界面

主界面包括基本的地图界面，景点的标注点，如图 8-10 所示。

图 8-10 旅游信息系统主界面设计

主界面的宽度为 width：80%，高度为 height：100%，表示的宽度为浏览器窗口宽度的80%，高度为浏览器窗口宽度，字体为微软雅黑。主界面还添加了一些额外功能，例如：鼠标滚轮缩放地图，修改鼠标的默认样式为手型，工具条，比例尺，缩略图，版权信息，定位等。

3. 右边栏的分类

右边栏顶部是一个 H3 的标题——请选择一个分类，右边栏下面的分类按照图标（48px * 48px）的颜色和形状进行。一级分类分为圆形和方形，二级分类分为自然旅游资源、人文旅游资源、社会旅游资源、占地面积、是否收费、景区级别及开发程度，每个图标下会有图标说明，点击每一个图标会弹出一个窗口（窗口在最上层，底层用透明度为0.8的黑色覆盖整个页面），效果如图 8-11 所示。

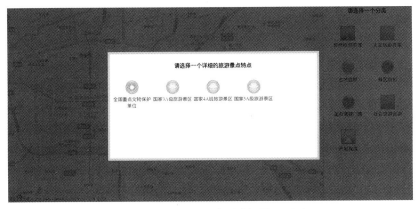

图 8-11 旅游信息类别选择界面（1）

若弹出的窗口不能完全显示所有详细图标，则会在弹出窗口的右边显示滚动条以方便用户拖动选择未显示的图标，如图 8-12 所示。

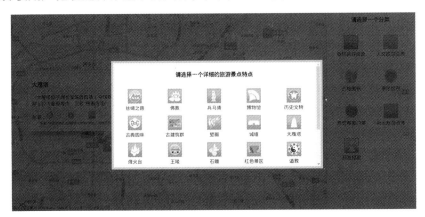

图 8-12 旅游信息类别选择界面（2）

4. 景点的点标注

第一次打开此网站时，标注点使用默认的图标（32px＊32px）标注每个景点，且在每个图标的右下角显示景点的名称（边框颜色：#808080，背景色：#333，字体：blod，鼠标：pointer），如图 8－13 所示。

图 8－13　旅游景点表征（1）

在选择了分类和详细的分类时，图标变为我们重新设计的图标样式（32px＊32px），每个图标右下角显示的景点名称则与默认一致，如图 8－14 所示。

图 8－14　旅游景点表征（2）

5. 信息窗口（单击标注点弹出的界面）

左上角标明这是一个景点的信息窗口（510px＊170px），右边为景点的示例图片（150px＊150px），左侧分为上、中、下三部分，对应相应景点的标题、正文、标签，标题是景点的名称，正文部分是景点简介，标签分为两行，一行使用文字表示景点的特点，另一行使用图标（24px＊24px）表示景点的特点。点击标签中的图标可以搜索同类的其他景点。

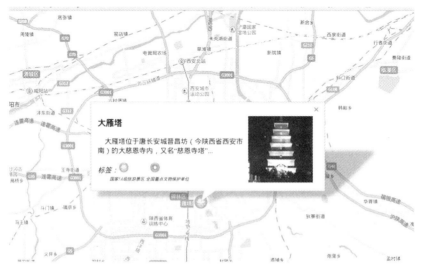

图 8–15　旅游景点信息窗口选择与弹出（1）

图 8–16　旅游景点信息窗口选择与弹出（2）

七、在旅游系统界面中使用图标标签的政策建议

在针对信息搜索行为、陕西旅游信息研究现状的基础上，通过实验的方法得到可视化标注方法对于旅游信息搜索的协助作用，并设计基于可视化标注的旅游信息系统搜索界面，从理论上和实践上肯定了可视化标注对于改善陕西旅游信息管理方式的推动性。依据研究结论和发现，为陕西旅游信息管理政策提出四点建议，用以在信息展示和信息组织过程中充分利用可视化工具提供帮助。

（一）丰富"互联网＋"背景下陕西省旅游信息的管理模式，加强旅游信息的整合力度，丰富旅游信息分类标准和信息完整度

陕西旅游资源丰富，无论在数量上还是在种类上都位于我国前列。例如，属于自然风光的壶口瀑布、华山，属于历史遗迹的大雁塔、秦兵马俑等。如何对种类多、跨度大的旅游信息进行有效的分类管理、有效整合成为陕西旅游信息管理的关键所在。在现今"互联网＋"的大环境背景下，依托互联网资源，实现旅游信息的多途径、多形式、多维度共享是陕西旅游信息资源管理的发展趋势也是旅游信息有效整合的重要目标。

为实现以上目标，旅游管理部门应以全面和准确收集旅游信息为原则，协同各旅游景点的负责单位，辅以本部门人员走访等方式，对陕西境内的所有旅游资源进行汇总、归类。具体实施可参考以下几点：首先，对于一些国家级的旅游资源，由于大多是旅游的热门地段，地理位置、交通路线等相关信息和管理景点的负责单位的配置已较为完善，因此旅游管理部门只需对已有的旅游信息进行修改和补充。其次，对于一些省级的旅游资源，其信息的缺失程度较大，负责单位的配置不完备，旅游信息可靠程度也不高，对于这一类资源，旅游管理部门应该综合有关负责单位提供的信息和本部门人员走访得到的信息，得到更加准确的信息。最后，针对一些零散、知名度不高的旅游资源，为了实现旅游信息的全面覆盖，旅游管理部门也要进行摸底和信息重建，实现旅游信息资源的全局整合。

在得到全面、可靠的旅游信息的基础上，要以互联网为基础，对旅游信息资源进行合理、有效的分类与管理，从而实现旅游信息资源的传播和再利用。而这一过程的建立需要将"互联网＋"模式下信息资源的新型结构形式与旅游信息资源的实际特征相结合，建立更加完善和灵活的旅游信息分类标准。首先，所建立的分类标准需要有一定的扩展性，必须能覆盖现今所有的旅游信息，以及之后

不断发现新的旅游资源，不能出现某一种旅游资源不属于任何一类的情况。其次，旅游信息分类的分类标签彼此间应有较为明确的界限，而不是在语义上互相重合，这样可避免分类过多，不便于用户理解与记忆的情况。最后，为增强系统检索的有效性，应从不同的侧面描述同一种旅游资源，从而为每一种旅游资源贴上不同的标签，便于用户从各个方面进行检索。例如，秦兵马俑属于历史遗迹，也属于历史博物馆，用户在点击表示"历史遗迹"的图标或表示"历史博物馆"的图标时，都可以搜索到秦兵马俑这个旅游景点。

加强"互联网＋"模式下对旅游信息的整合管理是建设旅游信息管理系统的前提和必不可少的一个环节。若没有完善、真实的旅游信息作为依托，建设出来的旅游信息管理系统必定是一个空壳，没有使用价值甚至会出现误导用户的严重后果。因此，政府应出台政策加大陕西旅游信息的管理力度，督促旅游管理部门积极探寻可靠的信息收集方法，增强旅游信息的全面性、可靠性和系统性。与此同时，为了在图标设计的过程中更好地可视化旅游资源之间的结构关系，方便用户的信息检索，旅游管理部门要建立完善和灵活的旅游信息分类标准，使得可视化图标对旅游信息的内容和分类做到全覆盖和灵活展现。

（二）优化旅游网站信息，建设可视化交互界面，实现智慧旅游的多元管理模式

旅游业是一个信息密集型产业，也是综合性极强、信息依存度极高的产业，旅游信息的有效组织和展示为游客便捷地获取信息提供了有效的手段，人性化和智能化的旅游信息服务平台成为提升旅游竞争力的重要举措。本书的研究表明，信息的可视化表征以及结构化图标标签对信息检索、浏览具有很大的帮助。结构化图标标签通过图形编码对标签结构进行可视化表征，将普通图标与基底图标结合。结构化图标同时具备图形化特征和符号化特征，将表征标签以及标注知识进行内容和结构的双重可视化，服务于大数据环境下知识概念的可视化标注与显化。作为游客需求的一部分，现存的旅游信息服务平台，还未广泛使用结构化图标标签对旅游信息进行表征，也没有针对旅游景点的特色进行详细分类，且未对相同类别的其他景点进行关联，在旅游信息的组织上，不能保证信息的全面性、准确性和及时更新。由于旅游行业自身的特点，旅游信息一般应当涉及食、住、行、游、娱、购等诸多要素；在形式上则不仅应具有文字数据，且应具有图片或影像数据。同时，由于旅游业是时序性、动态性强的行业，其瞬息万变的旅游信息需随时更新和补充。而且每次更新或补充，都应力求使人耳目一新，以增加网站的吸引力。在网站建设时，需要加强界面的友好程度，并且要具备特色和创意。旅游网站的页面设计，应围绕游客或客户的需求来采集旅游信息，建立可视化的信息表征形式和人机交互界面。

本章提出的针对旅游特色不同，在地图进行分类标注的方法，可有效满足游客这一需求，并使得游客在众多信息中快速筛选出满足个人需求的信息，提高用户与旅游信息和旅游平台间的交互效率。因此，相关旅游企业运营商在建设旅游信息管理平台及特定景区的信息管理系统时，应充分考虑用户对信息检索和筛选的便捷性。不仅要从旅游信息的管理组织上下功夫，还要注重旅游信息的可视化表征及人机交互界面的设计。不同游客由于其文化背景和兴趣偏好等不同，对景点特色偏好也不同，因此，对旅游信息的分类组织成为平台搭建最基础的部分。面对众多的旅游景点，游客想要从中快速全面地发现自己偏爱的特色景点非常困难，若不进行分类组织和展示，那些名气不大但非常符合个人兴趣的景点很难被游客知晓，既影响了游客的旅游体验，又不利于景点知名度的提升和景点的可持续发展。

　　我们提出，在电子地图的基础上，运用结构化图标标签对不同的旅游信息资源进行可视化标注，将旅游景点按照特色进行分类，分别对每一类景点添加不同的可视化标签。用户首先在平台上确定出发地点，然后选择可视化图标标签而搜索对应特色的旅游景点在地图上标注的地理位置及路线，并且可以观察到具有相同特色的其他景点的地理位置。通过添加可视化图标标签，一方面，提高了游客对旅游信息检索和浏览速度，并且帮助用户过滤掉个人不感兴趣的景点的相关信息及推送信息，有效解决了游客信息过载的问题，从而有助于向用户提供精准化、个性化的服务；另一方面，这种可视化标签由于同时具备图形化特征和符号化特征，使得被表征的标签以及被标注信息达到内容和结构的双重可视化，从而跨越了语言的界限，可有效解决使用不同语言的游客对信息的获取和理解问题，扩大了旅游信息服务平台的用户范围。利用可视化标签的服务平台，通过对景点进行分类表征，用户可以快速查询到个人偏好的景点类型以及其他需求，从而快速地获取全面、准确的特定景点的相关信息。另外，通过对游客偏好的景点类型及历史记录的分析，系统可以向用户主动推送与用户需求相匹配的食、住、行、游、娱、购等方面的信息，提升用户的旅游体验，并提高景点的游客量和知名度。通过使用大数据分析，还可以为政府和旅游企业提供更加优质的服务，为制定下一步发展战略提供指导。

　　针对特定景点内的信息服务，建设可视化的信息服务平台可以使游客便捷地获取景区的全局结构和各要素分布。通过开发景区自助查询系统和导航系统，借助地图和可视化标签来表示景区内不同服务点、景点的具体位置以及景区的实时数据，如客流量、车流量、天气情况、应急情况等。用户可以随时查看自己所在地点，通过地图快速查找目的地及路线和交通方式，如用户需要找景区内的商店，只需在系统内直接点击商店的可视化图标进行搜索，景区内所有商店的具体位置就会展示在地图上，用户便可以根据个人位置选择距离自己最近的商店，并根据地图推荐的路线和交通方式到达。

因此，不管是整合所有景点的旅游平台，还是景区内的自助平台，针对旅游信息的可视化表征都可以很好地帮助游客进行相关信息、路线的检索和获取，因此建设可视化的交互界面是提高全程旅游信息服务和景区内信息服务的重要手段，也是提高旅游竞争力、实现智慧旅游的重要举措，政府和相关旅游企业及旅游信息服务提供运营商都需重视起来，从多个层次实现旅游信息的高效组织和可视化，提升用户体验。

（三）加强我省旅游信息资源管理平台中的用户参与度，重点关注国际化用户的信息需求，实现我省旅游管理国际化

实现旅游信息资源的有效整合不仅仅是陕西旅游产业的发展基础，更是实现陕西与省内外、国内外资源共享、提升陕西社会形象的有力宣传方式。旅游信息资源管理中的用户参与，一方面，要从用户信息需求出发，通过准确的信息、丰富的展示为用户信息搜索和信息浏览提供便捷通道，吸引用户在界面上进行旅游信息的一系列操作并提高信息获取率；另一方面，将用户参与作为信息资源的来源之一，鼓励用户并为用户提供鲜明、直接的信息共享通道，使用户利用互联网与自身的旅游经验在系统平台上进行旅游信息的更新、添加与评价，从而丰富原有的单一旅游信息资源渠道。

旅游信息管理系统中的可视化图标标签，是对旅游信息分类后的结构化展示，相对于一般的信息展示平台，其优点首先在于整合了所有的旅游信息，并且提供给用户每种旅游资源的精确分类，从而提高了信息的利用价值和检索价值。其次使得用户能够直接用"眼"搜索出自己需要的旅游信息和它们之间的关系，而非传统的搜索框的形式。传统的利用搜索框的检索是根据用户检索提问与系统本身数据库中的信息进行匹配最后显示检索结果的一个过程，在这个过程中我们需要提取数据库中信息的特征，运用一定的标识语言对其进行标识，并且用户的检索提问也需符合此标识语言的结构，才能得出比较好的匹配结果。所以无论是从数据库设计、用标识语言对信息进行分类，还是用户最终的检索时间，都是费时费力。而当我们运用可视化图标对旅游信息进行内容和结构上的展示时，用户可以省去手动输入的步骤，也避免了因为忘记或记错旅游资源的名字而迷路或者走错路的情况。所有的搜索步骤只需一步，即点击相应类别的图标，然后选择自己想要到达的目的地即可。

在旅游信息管理中应加大信息反馈的建设，鼓励用户在使用的过程中进行旅游信息的共享，包括未标出的信息、标识不准确的信息。同时，征集图标符号的

反馈。旅游信息管理中要及时地对这些用户反馈信息进行筛选和利用，将其中有建设意义部分有效地与现有资源进行整合，使得旅游信息的表征、呈现、共享符合大多数用户的需求规律。

特别地，由于陕西现处于走向国际、接轨国际的重要阶段，旅游信息的国际化程度也体现了陕西旅游管理水平和世界影响力。结构化图标标签的应用将充分体现图形化信息表征在多语环境下的优势，用户通过对图标标签的认知，打破了对原有文字信息的过分依赖和理解障碍。尤其当所涉及语言非国际通用语言时，图标将改善旅游信息资源的共享失真和沟通阻塞问题，用国际上达成共识的符号来表征旅游产品及其重要信息，从而实现国际用户对陕西旅游信息的全面了解，提升赴陕西旅游的兴趣、热情。这也是对陕西旅游、社会、经济进行宣传、推广的重要途径。

（四）统一规划整合旅游网站信息，打造智慧旅游信息服务平台

中国的旅游业正在经历由大众团队旅游时期向散客时期的快速过渡，散客正逐渐成为旅游消费市场的主体，从而改变了传统旅游需求与供给的管理，游客对旅游信息资源的信息服务载体的需求日益突出。游客需要准确、高效、全面、智能的信息沟通方式，获取及检索旅游信息。我们需要通过快速发展的信息技术为全域旅游插上信息的翅膀。

目前大部分城市都已经建立起官方旅游门户网站，网站内容大多趋于一致，介绍本地景区景点、风土人情等。从各旅游网站内容可以看到，目前旅游资源信息化融合处于初级阶段。相对发达城市，小城市的旅游网站均无旅游交通、旅游地图等信息提供，仅限于对本地旅游资源介绍，缺少与旅游企业和其他地区的关联性，且这些网站存在资讯更新不及时、景点介绍千篇一律且简单平面化的弊端，其信息化的发展远远落后于信息化的需求。因此，为游客提供一种便捷省时的方式用于获得各地旅游资讯，为企业提供一种传播更为广泛的途径来扩大宣传，为政府提供一个更为有效的平台进行反馈，以增强调控的有效性，构建一个整合多方信息的平台成为当务之急。所以，为了满足用户的需求，需要提高旅游政务网站以及企业门户网站的自动化和智能化水平，为游客提供更加人性化的服务。需要对这些网站进行改版，根据游客的身份特征、经济条件、兴趣爱好、地理位置等自动编排并推送有关信息，提供个性化的旅游信息服务。在信息组织和表征形式上，应该用多种信息表征形式实现游客对旅游信息准确、全面的获取，如文字、图片、音频、视频、全景展示等，并且要及时更新景点信息、旅游文化信息、景点天气预报等公共服务信息。

另外，要积极研发整合多个领域资源的移动终端查询浏览服务系统，利用智

能移动终端随时、随地、随身的优势，建立基于移动手持终端的查询、浏览、推荐、共享系统，便于游客能通过智能终端及时享受到准确、体贴的旅游资讯及在线资讯服务。移动终端系统，需要充分整合优质的旅游信息服务资源，为顾客营造一站式的旅游信息服务体验，将旅游逐渐转变为具有聚集化、规模化和完整的产业链的大旅游产业。当地旅游主管部门应牵头建设旅游企业全生命周期管理和服务系统，整合工商、税务、交通、气象、公安、卫生等部门的相关信息资源。旅游企业应该整合当地景点、交通、住宿、餐饮、购物、娱乐、天气、语言、汇率等与旅游相关的信息资源，为游客提供从出发到返程的全程信息服务，并努力实现在线服务、个性化推荐、网上支付等功能，实现用户的导航、导游、导览和导购的智慧服务体验。对政府部门而言，可以通过该平台，动态把握旅游信息的变化，及时了解游客需求，为行业发展和市场管理提供有价值的参考。同时，该平台需要实时获取数据库信息，为游客提供特定旅游景点的相关信息，如客流量的大小、停车位是否充分、天气变化情况、交通路线等。在平台设计上整合地理信息系统，并将贯穿游客购买商品和服务整个消费过程的食、行、住、游、娱、购6种信息全面地展示在平台上，通过可视化表征帮助用户检索和浏览，以使游客获取和筛选出感兴趣的景点的相关信息以及周边情况。此外，还应该加强线上线下的信息整合，发挥旅游公共信息现场服务的作用。对于实地的旅游信息标识系统，可根据游客需求，采用多样而富有地方特色的指示标识，对旅游信息咨询中心，可增加旅游信息的语种、丰富与旅游相关的生活信息、收集游客反馈，提高景点服务水平。

智慧旅游服务依据用户对于旅游的偏好与需求向用户提供个性化的旅游信息服务，利用地理信息系统和可视化技术对旅游信息进行表达，使得当前服务具有良好的用户体验。智慧旅游服务能够主动收集用户信息，分析用户需求，以向用户提供和推荐与旅游相关的各类信息。与一般旅游服务有所不同，这种智慧旅游服务具有极强的针对性，以当前用户的需求为驱动，不仅能为用户检索和查询信息，还能为其过滤信息，组织服务，并对与用户有关的各种知识进行管理及存储，为向用户提供二次服务打下基础。个性化行程推荐也是智慧旅游信息服务中的重要部分，但目前研究还不深入。借助地理信息系统及其可视化表征，根据用户的行为偏好，并整合交通路况、天气情况、景点客流量、门票价格、周边其他娱、购、住、食等场所的分布以及停车位等实时信息，为用户推荐可行的旅游行程。这样，用户就可清楚地掌握城市与城市间、景点与景点间的游玩顺序与景点、酒店和餐饮等信息，甚至可以对旅游花销进行大概的预算。

第九章　总结与展望

一、总结

本书的主要科学贡献是：提出服务于知识的符号表征理论和信息结构的可视化理论。在此基础上，提出并开发了基于可视化辨别语言的图标标签系统的概念，验证了该标签在标注、搜索和知识共享的理论与实践的可行性。该标签系统的创建是为了同时改进每个标签和标签结构的可视化表征，并最终形成面向一个领域的知识组织系统的解释标签集群。

在研究了文本标签和图形表示的最新研究进展后，笔者发现先前的工作主要集中于图标的使用或文本标签结构的可视化。本书在已有研究的基础上提出先设图标和可视化辨别语言的概念用以构建结构良好的可视化标签系统。这个概念不仅意味着通过使用诸如形状和颜色之类的图形字符可以构造图标和知识，而且可以将社会化语义结构的核心——用户所需的各种观点和语言通过可视化的方式表征出来。由此可见，基于 Hypertopic 知识模型的标签系统的先设图标在促进共享复杂、大量和高度发展知识方面的潜在贡献中是最重要的部分。同样，图标的符号功能可以更加清晰、主动地解释标签的含义和结构特征。

在构建了基于可视化辨别语言的图标标签系统的理论框架后，我们通过两次实验来评估该可视化媒介的理论模型和研究假设。

第一个实验涉及基于可视化辨别语言的图标标签系统相较于无显化结构的图标标签系统和文字标签系统的标注效率。经实验结果分析发现，基于可视化辨别语言的图标标签系统在标注速度和标注质量方面均表现出更好的性能，验证了可视化辨别语言和先设图标的标签表征优势。

第二个实验集中于标签系统中标签的排列。由于基于语义排列的文本标签有助于搜索标签，因此，我们进行另一个测试来验证标签的有效性和不同规则的图标标签。与随机排列相比，基于可视化辨别语言的图标标签系统和语义排列具有更好的效果。此外，研究结果也表明，标签的表现形式比标签的排列方式更重要。

考虑到图像标签系统是一门交叉学科，我们坚持将其与知识工程、人机交互和计算机支持的协同工作相联系。为了促进发挥这些学科的不同贡献，我们使用了参与性创造方法。这种联合构建使得四个角色（知识管理专家、平面设计师、用户和协调者）能够参与建立基于可视化辨别语言的协同图标系统。我们还旨在建立标志性标签系统与实际应用的可能性之间的联系。在这样一个系统中，由于时间限制，我们只做了设计层面的研究（没有现场经验）。

本书还研究了这些特殊图标如何帮助基于标记的用户信息搜索。设计并进行了两阶段实验，以跟踪和量化特定搜索目标案例的搜索过程，以及使用基于可视化辨别语言的图标标签时不存在特定搜索目标案例的搜索情况。实验结果表明，基于可视化辨别语言的图标标签增强了标签在信息搜索中的作用。它们可以使用户更好地理解标记集群，从而提供所涉及主题的全局结构。基于可视化辨别语言的图标标签利用标签类别的视觉表示和标签内容的符号意义，帮助用户更快、更准确地找到搜索目标。本书首次验证了结构化图标在信息搜索中的作用，以及用户的图形认知对基于标签的信息搜索过程的影响。本书的研究成果致力于基于可视化辨别语言的图标标签理论，以及一种新的可视化搜索用户界面设计方法。

此外，我们使用基于可视化辨别语言的图标标签系统进行旅游信息交互和界面设计。以陕西旅游信息资源管理为例，在现有旅游信息系统的基础上探索图标显示方式，设计基于可视化标注的旅游信息系统搜索界面。经实验验证表明，基于可视化图标的旅游管理系统对于解决旅游信息多元性，实现"智慧旅游"具有极大的推动作用。并且在本章节的最后，本书提出旅游系统界面中使用图标标签的政策性建议。

本书从理论上阐述了新型标签的特点和优点。文本标签存在的问题可以通过结构化的图标部分地解决，这个是未来可视标签的一种新方法。本书进一步深化了图形认知理论和视觉信息管理理论。在考虑了知识管理和标签的特殊背景的前提下，图像表示和图形变量的使用再次证明了双编码理论。

二、讨论与展望

尽管基于可视化辨别语言的图标标签系统的概念在格式、显示、创建和信息搜索方面已形成了一定的格式，但仍有些问题需要讨论和逐步研究。

首先，在第一个实验中，指出并研究了图标与标签之间的关系。无显化结构的图像标记的结果与文本标记的结果无显著差异。我们假设图标的标签会影响标签的速度。此外，大多数参与者认为，他们阅读标签不是因为看图像是积极的（除非他们理解标签有问题）。以前的研究解释了为什么图标不能单独存在，而其他的研究讨论了图像和文本之间的常见问题。为了明晰图标和标签之间的问题，我们需要进一步研究符号的表现形式及其与文本信息间的关系。

其次，基于可视化辨别语言的图标标签系统协同构建平台只开发了两个主要功能。它需要通过所述的其他功能进行更详细的设计和改进。我们的方法需要与每个创意组件进行广泛的在线协作，进一步的信息技术也需要利用第二次实验中的结论来开发平台的新功能，如图标云的显示。为了解这方面的细节，合作的图像技术和基本工具必须将计算机支持协同工作领域考虑在内。

一旦基于可视化辨别语言的图标标签系统完成，图标可以应用于不同的情况。另外，本书的研究成果将有助于知识组织系统的界面设计。基于可视化辨别语言的图标标签可以改善以往知识搜索中的标签理解问题，如在线图书馆中的标签云。应用在知识系统界面，图标有明显的绝对优势，如基于地图的知识组织系统。例如，研究结果表明，基于可视化辨别语言的图标标签应用于搜索用户界面设计，使在线信息更容易访问，并提供更好的用户搜索性能。例如，基于可视化辨别语言的图像标记可以应用于与地图相关的信息搜索，如旅游信息。所有的旅游文本都可以用不同类别的基于可视化辨别语言的图标标签来表示。一旦用户打开旅游管理系统的地图，他们将在地图上不同地理位置看到几个结构化的图标。这些基于可视化辨别语言的图标标签将通过先设图标提供全球旅游信息分布。例如，如果绿色方块先设图标表示一个自然视图，那么所有基于可视化辨别语言的带有绿色方块先设图标的标记都表示在一定地理范围内分布的自然视图。另外，根据绿色广场中基于可视化辨别语言的标志性标签的数量，用户可以对比其他类型的旅游信息（其他类型的先设图标），判断自然景观旅游信息是否更丰富。基于可视化辨别语言的图标标签也被认为有助于用户进一步的信息搜索。当用户需要了解某一特定位置的自然景观时，可以从先设图标列表中选择"绿色方块"，其他类型先设图标中所有基于可视化辨别语言的图标标签都将隐藏，只留下绿色的方块。用户可以点击该位置的其他基于可视化辨别语言的图标标记以获取更多信息。

未来，基于可视化辨别语言的图标标签将得到广泛应用，用以在地图上表征知识与信息，例如，危机管理、土地资源管理、交通以及其他可以共享的社区与领域中。

关键词： 自然
物体 　　绿色
设施 　　关联
项目 　　进行中

图 9-1　使用图标标签在地图上表征知识的地理位置

参考文献

［1］Ohly, H. P. Mission, programs, and challenges of knowledge organization 12th international ISKO conference ［R］. India, 2012.

［2］Hodge, G. Systems of knowledge organization for digital Libraries. beyond traditional authority files ［D］. The Council on Library and Information Resources, Washington DC, 2000.

［3］艾丹祥，张玉峰，刘高勇，杨君．面向移动商务餐饮推荐的情境语义建模与规则推理［J］．情报理论与实践，2016（39）：82－88.

［4］艾丹祥，张玉峰，左晖，杨君．基于情境语义推理的O2O移动推荐系统研究［J］．情报杂志，2015（34）：182－189.

［5］安璐，胡俊阳，李纲．基于主题一致性和情感支持的评论意见领袖识别方法研究［J］．管理科学，2019（32）：3－13.

［6］包恒泽，周栋，吴谈．融合多源异构网络信息的标签推荐方法［J］．山东大学学报（理学版），2019（54）：56－66.

［7］Kipp, M. & Campbell, D. Searching with tags：Do tags help users find things? ［J］. Knowledge Organization, 2010, 37（4），239－255.

［8］陈双双，王晓军．基于关联规则的标签推荐［J］．计算机技术与发展，2018（28）：43－47.

［9］Strohmaier, M., Korner, C. & Kern, R., Understanding why users tag：A survey of tagging motivation literature and results from an empirical study ［J］. Journal of Web Semantics, 2012（17）：1－11.

［10］Bénel, A., Zhou, C. & Cahier, J. P. Beyond Web 2.0…And beyond the semantic web ［M］. Springer, 2009.

［11］Berners－Lee, T. Semantic web on XML ［D］. XML 2000, Washington DC, 2000.

［12］马晓悦．考虑观点多样性的社会化语义网知识组织模式探究［J］．情

报科学，2016，34（7）：25 – 30.

［13］邓国家，袁西鹏，郭新武．基于图书标签画像的个性化推荐模型研究
［J］．大学图书情报学刊，2019（37）：31 – 33.

［14］冯娇，姚忠．基于社会学习理论的在线评论信息对购买决策的影响研究
［J］．中国管理科学，2016，24（9）：106 – 114.

［15］冯莎．豆瓣电影评论文本的情感分析研究——基于 2017 年电影《乘风
破浪》爬虫数据［J］．中国统计，2017：30 – 33.

［16］顾晓雪．多语言社会化标签聚类及可视化研究［D］．北京大学博士
学位论文，2015.

［17］郭顺利，李秀霞．基于情境感知的移动图书馆用户信息需求模型构建
［J］．情报理论与实践，2014（37）：64 – 68，73.

［18］胡强．基于张量分解的个性化推荐算法研究［D］．华东交通大学硕
士学位论文，2018.

［19］华一新，李响，赵军喜，王丽娜，张晶．一种基于标签云的位置关联文本
信息可视化方法［J］．武汉大学学报（信息科学版），2015（40）：1080 – 1087.

［20］纪雪梅．特定事件情境下中文微博用户情感挖掘与传播研究［D］.
南开大学博士学位论文，2014.

［21］Furnas，G. W.，Fake，C.，VonAhn，L.，Schachter，J.，Golder，S.，
Fox，K.，Davis，M.，Marlow，C. & Naaman，M. "Why do tagging sustems works？"
In Extended Abstracts of the SIGCHI Conference on human Factor in Computing Systems
（CHI' 06）［R］.2006.

［22］Anderson，J. R. Cognitive psychology and its implications［M］. New
York：Worth Publishers，2005.

［23］贾君枝，孙智超，邰杨芳．基于受控词表的医学资源社会化标签推荐
研究［J］．情报学报，2013，32（12）：1326 – 1332.

［24］姜彩云，孟亚琪，王忠义．基于社会网络分析方法的书目二次归类研究
［J］．图书馆理论与实践，2019：65 – 71.

［25］姜婷婷，迟宇，史敏珊．社会性标签系统中的信息搜寻——基于豆瓣网
的实证调查［J］．图书情报工作，2013，57（21）：112 – 118.

［26］Lohse，J.，Rueter，H.，Biolsi，K. & Walker，N. Classifying visual
knowledge representations：a foundation for visualization research［C］//IEEE com-
puter society technical committee on computer graphics，siggraph：ACM special interest
group on computer graphics and interactive techniques［M］.1990.

［27］姜婷婷，贺虹虹，张正楠．搜索任务复杂度对用户情感的影响研究

［J］．图书情报知识，2016：4 – 82.

［28］Zhou，C.，Bénel，A. & Cahier，J. Beyond Web 2. 0 And beyond the semantic web. Dans from CSCW to Web 2. 0：European developments in collaborative design，computer supported cooperative work（Dave Randall，Pascal Salembier）［M］. Springer – Verlag，2010.

［29］姜婷婷，徐亚苹，郭倩．国外点击流可视化研究述评［J］．情报学报，2018（37）：436 – 450.

［30］Zacklad，M.，Cahier，J. P. & Pétard，X. Du web cognitivement sémantique au web socio sémantique：Exigences représentationnelles de la coopération［J］. Web séMantique et Sciences Humaines et Sociales，2003（1）：7 – 14.

［31］李蕾，王冕，章成志．区分标签类型的社会化标签质量测评研究［J］．图书情报工作，2013，57（23）：11 – 16，9.

［32］李霞，卢官明，闫静杰，张正言．多模态维度情感预测综述［J］．自动化学报，2018（44）：2142 – 2159.

［33］李旭晖，李媛媛，马费成．我国图情领域社会化标签研究主要问题分析［J］．图书情报工作，2018，62（16）：120 – 131.

［34］林鑫，梁宇．用户社会化标注中非理性行为的表现及原因分析［J］．数字图书馆论坛，2016（12）：48 – 53.

［35］刘海鸥，孙晶晶，苏妍嫄，张亚明．基于用户画像的旅游情境化推荐服务研究［J］．情报理论与实践，2018（41）：87 – 92.

［36］卢超，章成志．图书标注中的社会化标签与主题词比较：跨语言视角［C］// 第四届全国情报学博士生学术论坛论文集［D］．南京理工大学，2014.

［37］陆泉，韩雪，陈静．图像标注中的用户标注模式与心理研究［J］．情报学报，2015，34（5）：125 – 129.

［38］马费成，张斌．图书标注环境下用户的认知特征［J］．中国图书馆学报，2014，40（1）：4 – 14.

［39］Downey，D.，Dumais，S. & Horvitz，E. Understanding the relationship between searchers' queries and information goals［M］. In Proceeding of the 17th ACM Conference on Information and Knowledge Management. New York：ACM Press，2008.

［40］Golder，S. A. & Huberman，B. A. Usage patterns of collaborative tagging systems［J］. Journal of Information Science，2006，32（2）：2006.

［41］Bischoff，K.，Firan，C. S.，Nejdl，W. & Paiu，R. Can all tags be used for search? CIKM［D］. 2006（8）.

［42］ Noh, T. G. , Park, S. B. , Yoon, H. G. , Lee, S. J. & Park, S. Y. An auto-matic translation of tags for multimedia contents using folksonomy networks ［C］. SI-GIR' 09, 2009.

［43］ Yeung, C. M. , Gibbins, N. & Shadbolt, N. Contextualising tags in collabo-rative tagging systems ［C］. Hypertext ' 09, 2009.

［44］ Cattuto, C. , Benz, D. , Hotho, A. & Stumme, G. Semantic grounding of tag relatedness in social bookmarking systems ［C］. ISWC ' 08, 2008.

［45］ Markines, B. , Cattuto, C. , Menczer, F. , Benz, D. , Hotho, A. & Stumme, G. Evaluating similarity measures for emergent semantics of social tagging ［C］. WWW ' 09, 2009.

［46］ Li, X. , Guo, L. & Zhao, Y. E. Tag – based social interest discovery ［C］. WWW ' 08, 2008.

［47］ Macgregor, G. & McCulloch, E. Collaborative tagging as a knowledge organi-zation and resource discovery tool ［J］. Library Rev, 2006, 55 （5）：291 – 300.

［48］ Fu, W. , Kannampallil, T. , Kang, R. & He, J. Semantic imitation in so-cial tagging ［J］. ACM Transaction on Computer – Human Interaction, 2010, 17 （3）：12 – 13.

［49］ Wu, H. , Zubair, M. & Maly, K. Harvesting social knowledge from folsono-mies ［C］. In Hypertext' 06：Proceeding of the 17th conference on Hypertext and hypermedia ［C］. 2006.

［50］ Brooks, C. H. & Nancy, M. Improved annotation of the blogosphere via auto – tagging and hierarchical clustering ［C］. In Proc. of the 15th international con-ddrence on World Wide Web, 2006.

［51］ Shepitsen, A. , Gemmell, J. , Mobasher, B. & Burke, R. . Personalized rec-ommendation in social tagging systems using hierarchical clustering ［J］. Proceedings of the 2008 ACM Conference on Recommender Systems, 2008 （1）：7 – 14.

［52］ Hermann, P. & Hector, G. – M. Collaborative creation of communal hierar-chical taxonomies in social tagging systems ［C］. Technical Report 2006 – 10, Stan-ford University, 2006.

［53］ Schwarzkopf, E. , Heckmann, D. & Dengler, D. In workshop on data min-ing for user modeling ［C］. ICUM' 07, 2007.

［54］ Begelman, G. , Keller, P. & Smadja, F. Automated tag clustering：Impro-ving search and exploration in the tag space ［C］. In Collaborative Web Tagging Workshop, 15th International World Wide Web Conference, 2006.

［55］Kassel, G. OntoSpec：Une méthode de spécification semi – informelle d'ontologies ［C］. In Proceedings of the 13th French – speaking Conference on Knowledge Engineering：IC' 2002, 2002.

［56］Mika, P. Ontologies are us：A unified model of social networks and semantics ［C］. The Semantic Web – ISWC, 2005.

［57］VanDamme, C. , Hepp, M. & Siorpaes, K. Folksontology：An integrated approach for turning folksonomies into ontologies ［J］. Bridging the Gap between Semantic Web and Web, 2007 (2)：57 – 70.

［58］Echarte, F. , Astrain, J. J. , Córdoba, A. & Villadangos, J. Ontology of folksonomy：A New modeling method ［C］. Proceedings of Semantic Authoring, Annotation and Knowledge Markup (SAAKM), 2007.

［59］Angeletou, S. , Sabou, M. , Specia, L. & Motta, E. Bridging the gap between folksonomies and the semantic web：An experience report ［D］. In Workshop：Bridging the Gap between Semantic Web and Web, 2007.

［60］Specia, L. & Enrico, M. Integrating folksonomies with the semantic web ［C］. 2007.

［61］Kim, H. L. , Scerri, S. , Breslin, J. G. , Decker, S. & Kim, H. G. The state of the art in tag ontologies：A semantic model for tagging and folksonomies ［C］. Proceedings of the 2008 International Conference on Dublin Core and Metadata Applications, 2008.

［62］金瑛. 国外关于社会标签的研究进展 ［J］. 图书馆学研究, 2014 (12)：8 – 11.

［63］窦强, 邰杨芳, 贺培风. 社会化标注系统的检索功能及其效果评价 ［J］. 中华医学图书情报杂志, 2014, 23 (12)：13 – 17.

［64］程慧荣, 黄国彬, 孙坦. 国外基于大众标注系统的标签研究 ［J］. 图书情报工作, 2009, 53 (2)：121 – 124.

［65］贾君枝, 张宁. 社会标签的应用功能分析 ［J］. 情报理论与实践, 2012, 35 (11)：112 – 116.

［66］宣云干. 基于潜在语义分析的社会化标注系统标签语义检索研究 ［D］. 南京大学博士学位论文, 2011.

［67］谢梦瑶, 潘旭伟. 社会化标注中用户动态标签云构建研究 ［J］. 现代图书情报技术, 2011, 1 (2)：35 – 40.

［68］Knautz, K. , Soubusta, S. & Stock, W. G. Tag clusters as information retrieval interfaces ［C］ // Hawaii International Conference on System Sciences, 2010.

［69］Hotho, A., Jäschke, R. & Schmitz, C. Information Retrieval in Folksonomies: Search and ranking. ［C］// The Semantic Web: Research and Applications, European Semantic Web Conference, ESWC 2006, Budva, Montenegro, 2006.

［70］冯祝斌, 华薇娜. 社会标签研究现状调研与分析——基于 WoS、LISA、ACM、IEEE 数据库 ［J］. 情报杂志, 2012, 31 (2): 157 – 162.

［71］Ning, S. & Yuan, X. What motivates people use social tagging ［C］// International Conference on Online Communities and Social Computing. Springer Berlin Heidelberg, 2013.

［72］Sommaruga, L., Rota, P. & Catenazzi, N. "Tagsonomy": Easy access to web sites through a combination of taxonomy and folksonomy ［J］. Advances in Intelligent & Soft Computing, 2011 (86): 61 – 71.

［73］Dellschaft, K. & Staab, S. Measuring the influence of tag recommenders on the indexing quality in tagging systems ［C］// ACM Conference on Hypertext and Social Media. ACM, 2012.

［74］Kim, H N., Rawashdeh, M. & Alghamdi, A. Folksonomy – based personalized search and ranking in social media services ［J］. Information Systems, 2012, 37 (1): 61 – 76.

［75］姜婷婷, 高慧琴. 探寻式搜索研究述评 ［J］. 中国图书馆学报, 2013 (39): 36 – 47.

［76］查先进, 吕彬. 知识共享视角下的大众标注行为研究——基于标签的实证分析 ［J］. 图书馆论坛, 2010, 30 (6): 76 – 81.

［77］蒋盛益, 陈东沂, 王连喜. 国内外社会化标签挖掘研究综述 ［J］. 图书情报工作, 2014, 58 (21): 136 – 145.

［78］傅青苗. 社会化标签系统中用户标签使用特性研究 ［D］. 浙江理工大学博士学位论文, 2014.

［79］胡潜, 石宇. 图书主题对用户标签使用行为影响研究 ［J］. 图书情报工作, 2016 (8): 106 – 112.

［80］潘旭伟, 叶蕾敏, 王世雄. 社会化标注的用户动机差异化研究 ［J］. 情报学报, 2016, 35 (7): 763 – 771.

［81］李蕾, 章成志. 社会化标注系统中用户标注动机差异分析 ［J］. 情报学报, 2014, 33 (6): 633 – 643.

［82］邰杨芳, 陈新国. 社会化标注系统中用户的标注行为及差异分析 ［J］. 图书馆, 2017 (10): 2 – 49.

［83］Sen, S., Lam, S K. & Rashid, A. tagging, communities, vocabulary, evolution ［C］// Anniversary Conference on C omputer Supported Cooperative Work, 2006.

［84］邰杨芳, 陈新国. 社会化标注系统中的知识协同效率影响因素模型研究 ［J］. 情报学报, 2017, 36 (4): 361 - 369.

［85］Yanbe, Y. , Jatowt, A. & Nakamura, S. Can social bookmarking enhance search in the web? ［C］// Acm/ieee - Cs Joint Conference on Digital Libraries, 2007.

［86］Heymann, P. , Koutrika, G. & Garcia - Molina, H. Can social bookmarking improve web search? ［C］// International Conference on Web Search & Web Data Mining, 2008.

［87］Cai, Y. & Li, Q. Personalized search by tag - based user profile and resource profile in collaborative tagging systems ［C］// ACM International Conference on Information and Knowledge Management. ACM, 2010.

［88］Jiang, T. Characterizing and evaluating users' information seeking behavior in social tagging systems ［J］. Dissertations & Theses - Gradworks, 2010.

［89］林鑫, 周知. 用户认知对标签使用行为的影响分析——基于电影社会化标注数据的实证分析 ［J］. 情报理论与实践, 2015, 38 (10): 85 - 88.

［90］刘礼锋. 社会化标注中用户标签的主题鲜明性研究 ［D］. 浙江理工大学博士学位论文, 2017.

［91］张宜浩, 朱小飞, 徐传运, 董世都. 基于用户评论的深度情感分析和多视图协同融合的混合推荐方法 ［J］. 计算机学报, 2019: 1 - 19.

［92］郑建国, 朱君璇, 曹如中. 基于情境的社交网络信息传播链路预测研究 ［J］. 情报理论与实践, 2018 (41): 94 - 99.

［93］周朴雄, 陈蓓蓉. 基于标签云系统共现分析的用户兴趣预测模型 ［J］. 情报杂志, 2017 (36): 187 - 191.

［94］Choi, Y. , Yoo, S. , Choi, S. , Waldeck, C. & Balfanz, D. User - centric multimedia information visualization for mobile devices in the ubiquitous environment ［J］. Knowledge - Based Intelligent Information and Engineering Systems, 2006 (1): 753 - 762.

［95］Budziseweaver, T. , Chen, J. & Mitchell, M. Collaboration and crowdsourcing: The cases of multilingual digital libraries ［J］. Electronic Library, 2012, 30 (2): 220 - 232.

［96］张彦文. 跨语言信息检索及其相关问题 ［J］. 教育教学论坛, 2014 (1): 132 - 134.

［97］Zhou, D. , Lawless, S. & Wu, X. A study of user profile representation for personalized cross – language information retrieval［J］. Aslib Journal of Information Management, 2016, 68（4）：448 – 477.

［98］郭贵梅. 我国网络信息检索用户研究综述［J］. 现代情报, 2011, 31（8）：174 – 177.

［99］杨海锋. 用户行为在信息检索中的研究现状及发展动态评述［J］. 图书情报知识, 2015（6）：79 – 88.

［100］Petrelli, D., Beaulieu, M. & Sanderson, M. Observing users, designing clarity：A case study on the user – centered design of a cross – language information retrieval system［J］. Journal of the American Society for Information Science & Technology, 2010, 55（10）：923 – 934.

［101］洪菀吟. 多语言信息检索系统可视化初探［J］. 图书情报工作, 2011, 55（2）：25 – 28.

［102］许翔燕, 江永全, 杨燕, 张仕斌. 聚类结果可视化［J］. 微计算机信息, 2007, 23（12）：190 – 191.

［103］周宁, 徐洁. 文献检索结果的可视化研究［J］. 情报探索, 2007（6）：3 – 6.

［104］Riegler, A. & Holzmann, C. Measuring visual user interface complexity of mobile applications with metrics［J］. Interacting with Computers, 2002, 30（3）：207 – 223.

［105］Jost, G., Huber, J. & Hericko, M. Improving cognitive effectiveness of business process diagrams with opacity – driven graphical highlights［J］. Decision Support Systems, 2017（103）：58 – 69.

［106］Ahn, J. – W. & Brusilovsky, P. Adaptive visualization for exploratory information retrieval［J］. Information Processing & Management, 2013：3.

［107］Sawase, K. & Nobuhara, H. The transformation method between tree and lattice for file management system［J］. Evolving Systems, 2013, 4（3）：183 – 193.

［108］Shneiderman, B., Dunne, C. & Sharma, P. Innovation trajectories for information visualizations：Comparing tree maps, cone trees, and hyperbolic trees［J］. Information Visualization, 2010, 11（2）：87 – 105.

［109］刘姝. 知识可视化在信息检索中的实际应用［J］. 图书馆杂志, 2011（6）：68 – 71.

［110］Pappas, N., Redi, M., Topkara, M., Liu, H., Jou, B., Chen, T. & Chang, S. Multilingual visual sentiment concept clustering and analysis［J］. International Journal of Multimedia Information Retrieval, 2017, 6（1）：51 – 70.

［111］Gao, C. & Zhang, C. A novel method for visualization of clustering results. Communications in statistics［J］. Simulation and Computation, 2010, 39 (5)：1049 – 1056.

［112］马连浩. Web 文本聚类技术及聚类结果可视化研究［D］. 大连交通大学博士学位论文, 2008.

［113］Cross, VV. & Voss, CR. Fuzzy queries and cross – language ontologies in multilingual document exploitation［C］. IEEE, 2000 (2)：641 – 646.

［114］Petrelli, D. & Clough, P. Analysing user's queries for cross – language image retrieval from digital library collections［J］. Electronic Library, 2012, 30 (2)：197 – 219.

［115］Ivanov, I., Vajda, P. & Korshunov, P. Comparative study of trust modeling for automatic landmark tagging［J］. IEEE Transactions on Information Forensics and Security, 2013, 8 (6)：911 – 923.

［116］Clough, P. & Sanderson, M. User experiments with the Eurovision cross – language image retrieval system［J］. Journal of the American Society for Information Science & Technology, 2006, 57 (5)：697 – 708.

［117］刘燕权, 刘晓东. 国际儿童数字图书馆——探索儿童书籍的世界［J］. 数字图书馆论, 2013.

［118］Halvey, M. J. & Keane, M. T. An assessment of tag representation techniaues［C］. In Proc. WWW 2007, 2007.

［119］Rivadeneira, A. W., Gruen, D. M., Muller, M. J. & Millen, D. R. Getting our head in the clouds：Toward evaluation studies of tagclouds［C］. In Proc. CHI 2007, 2007.

［120］Hearst, M. A. & Rosner, D. Tag clouds：data analysis tool or social signaller?［C］. In Proc. HICSS 2008, 2008.

［121］Hassan – Montero, Y. & Herrero – Solana, V. Improving tagclouds as visual information retrieval interfaces［C］. In Proc. InfoSciT 2006, 2006.

［122］Provost, J. Improved document summarization and tag clouds via singular value decomposition［J］. Master Thesis, Wueen's University, Kingston, Canada, 2008 (9)：7 – 14.

［123］Fujimura, K., Fujimura, S., Matsubayashi, T., Yamada, T. & Okuda, H. Topigraphy：visualization for large scale tag clouds［C］. In Proc. WWW 2008, 2008.

［124］Schrammel, J., Leitner, M. & Tscheligi, M. Semantically structured tag clouds：An empirical evaluation of clustered presentation approaches［C］. In proceedings of CHI 2009，2009．

［125］Bielenberg，K. & Zacher，M. Groups in social software：Utilizing tagging to integrate individual contexts for social navigation［C］．Master's Thesis，Program of Digital Media，University of Bremen，2005．

［126］Shaw，B. Utilizing folksonomy：Similarity metadata from the del. icio. us system［EB/OL］．http：//www. metablake. com/webfolk/web – project. pdf. 2008．

［127］Kerr，B. TagOrbitals：Tag index visualization. IBM research report［M］．In proceedinds of SIGGRAPH'06，2006．

［128］Bateman，I.，Lee，K. & Kim，K. TopicRank：Bringing insight to users［C］．In proc. SIGIR 2008，2008．

［129］Ram，SRS. Tag cloud application and information retrieval system：Visualisation to create information literacy［J］．Journal of Library & Information Technology，2015（35）：41 – 46．

［130］潘旭伟，傅青苗．基于超网络的社会化标注行为［J］．系统工程，2015（3）：78 – 83．

［131］Emerson，J.，Churcher，N. & Cockburn，A. Tag clouds for software and information visualisation［C］．Proceedings of the 14th Annual ACM SIGCHI_ NZ conference on Computer – Human Interaction，2015．

［132］Trattner，C.，Helic，D. & Strohmaier，M. Tag clouds Encyclopedia of social network analysis and mining［R］．2014．

［133］Cao，N. & Cui，W. Overview of text visualization techniques. Introduction to Text Visualization［M］．Springer，2016．

［134］宋威，李雪松．基于标签自适应选择的矩阵分解推荐算法［J］．计算机工程与科学，2018（40）：1731 – 1736．

［135］邰杨芳，陈新国．社会化标注环境下用户信息行为的集成化模型及实证研究［J］．图书馆，2017（6）：38 – 45．

［136］Lee，B.，Riche，NH.，Karlson，AK. & Carpendale，S. Sparkclouds：Visualizing trends in tag clouds［J］．IEEE Transactions on Visualization and Computer Graphics，2010（16）：1182 – 1189．

［137］Caldarola，EG. & Rinaldi，AM. Improving the visualization of wordnet large lexical database through semantic tag clouds［C］．2016 IEEE International Congress on Big Data（Big Data Congress），2016．

［138］唐晓波，罗颖利．融入情感差异和用户兴趣的微博转发预测［J］．图书情报工作，2017（61）：102 – 110．

［139］滕广青，贺德方，彭洁，赵辉．基于"用户—标签"关系的社群知识自组织研究［J］．图书情报工作，2014（58）：106 － 111.

［140］王芳，翟羽佳．微信群社会结构及其演化：基于文本挖掘的案例分析［J］．情报学报，2016（35）：617 － 629.

［141］王向前，李慧宗．基于资源内容聚类的社会化标签聚类方法［J］．情报志，2016，35（11）：141 － 145，150.

［142］张亮．基于 LDA 主题模型的标签推荐方法研究［J］．现代情报，2016，36（2）：53 － 56.

［143］吴丹，毕仁敏．用户移动搜索与桌面搜索行为对比研究［J］．现代图书情报技术，2016：1 － 8.

［144］吴丹，唐源．搜索引擎结果页面（SERP）研究述评［J］．情报学报，2018（37）：220 － 230.

［145］吴振宇，胡军，李德毅．社会标注系统幂律特性分析［J］．复杂系统与复杂性科学，2014，11（2）：5 － 16.

［146］Ham，FV.，Wattenberg，M. & Viégas，FB. Mapping text with phrase nets［J］．IEEE Trans Vis Comput Graph，2009（15）：1169 － 1176.

［147］Chen，Y － X.，Santamaría，R.，Butz，A. & Theron，R. International symposium on smart graphics［M］．Springer，2009.

［148］Han，J. & Lee，H. Adaptive landmark recommendations for travel planning：Personalizing and clustering landmarks using geo － tagged social media［J］．Pervasive and Mobile Computing，2015（18）：4 － 17.

［149］Symeonidis. Item recommendation by combining semantically enhanced tag clustering with tensor HOSVD［J］．IEEE Transactions on Systems，Man，and Cybernetics：Systems，2015（46）：1240 － 1251.

［150］徐少同．网络信息自组织视角下的 Folksonomy 优化［J］．图书情报工作，2009，53（10）：102 － 105，120.

［151］Cantador，I.，Bellogín，A.，Fernández － Tobías，I. & Lopez － Hernandez，S. Semantic contextualisation of social tag － based profiles and item recommendations. In：International conference on electronic commerce and web technologies［M］．Springer，2011.

［152］Xu，J.，Tao，Y. & Lin，H. Semantic word cloud generation based on word embeddings［C］．2016 IEEE Pacific Visualization Symposium（PacificVis），2016.

［153］叶佳鑫，熊回香．基于标签的跨领域资源个性化推荐研究［J］．数据分析与知识发现，2019（3）：21 － 32.

［154］ Harvey, F. Ontology. In B. Warf（Ed.）, Encyclopedia of human geography ［M］. Thousand Oaks, CA: SAGE Publications, Inc, 2006.

［155］ Gruber, T. Toward principles for the design of ontologies used for knowledge sharing ［J］. International Journal of Human – Computer Studies, 1995（43）: 907 – 928.

［156］ O'Reilly, T. & Battelle, J. Web squared: Web 2.0 five years on ［J］. Web2summit 2010, San Francisco, CA, 2009（10）: 20 – 22.

［157］ Daniel , H P. Folsonomy ［J］. New York Times, 2005（1）: 7 – 14.

［158］ Wetzker, R., Zimmermann, C., Bauckhage, C. & Albayrak, S. I tag, you tag: Translating tags for advanced user models ［J］. Proceedings of International Conference on Web Search and Data Mining, 2010（1）: 7 – 14.

［159］ Bénel , A., Egyed – Zsigmond, E., Prié, Y., Calabretto, S., Mille, A., Iacovella, A. & Pinon J. M. Truth in the digital library: From ontological to hermeneutical systems ［J］. Proceedings of the fifth European Conference on Research and Advanced Technology for Digital Libraries, 2001（1）: 7 – 14.

［160］ Cahier, J P. & Zacklad, M. Towards a "knowledge – based marketplace" model（KBM）for cooperation between agents ［J］. Blay – Fornarino M, Pinna – Dery AM, Schmidt K, Zaraté P（eds）COOP, IOS, 2002（1）: 226 – 238.

［161］ Zhou, C. & Bénel, A. From the crowd to communities: New interfaces for social tagging ［J］. Proceedings of the Eighth International Conference on the Design of Cooperative Systems（COOP' 08）, 2008（8）: 1 – 14.

［162］ Zhou, C., Bénel, A. & Lejeune, C. Towards a standard protocol for community – driven organizations of knowledge ［J］. Proceedings of the Thirteenth International Conference on Concurrent Engineering, 2006（1）: 438 – 449.

［163］ Schmidt, K. & Wagner, I. Ordering systems: Coordinative practices and artifacts in architectural design and planning ［J］. Computer Supported Cooperative Work, 2005（13）: 349 – 408.

［164］ Park, J. Topic maps, dashboards and sense making ［C］. Fourth International Conference on Topic Maps Research and Applications（TMRA）, 2008.

［165］ Israel, R. Classification schemes: Some genesis and maintenance issues ［C］. Workshop on Cooperative Organization of Common Information Spaces, 2000.

［166］ Ma, X. & Cahier, J. P. Iconic categorization with knowledge – based Icon systems can improve collaborative KM ［C］. In Proc. CTS2011, IEEE Conference Publications, 2011.

［167］ Mas, S. & Marleau, Y. Proposition of a faceted classification model to support corporate information organization and digital records management ［C］. 42th Hawaii International Conference on System Sciences (HICSS). 2009.

［168］ Arnheim, R. Visual thinking, chap. 8, pictures, symbols and signs ［M］. California University of California Press, 1969.

［169］ Webb, J. M. , Sorenson, P. F. & Lyons N. P. , An empirical approach to the evaluation of icons ［J］. Sigchi Bulletin, 1989, 21 (1): 87 – 90.

［170］ Gombrich, E. The image and the eye ［J］. Scientific American. 1972 (3): 1 – 14.

［171］ Sowa, J. F. Signs, Processes and language games ［J］. Foundations for Ontology ［EB/OL］. http: //www. jfsowa. com/pubs/signproc. htm. 2008.

［172］ Ma, X. , Matta, N. , Cahier, J. – P. , Qin, C. & Cheng, Y. (2015). From action icon to knowledge icon: Objective – oriented icon taxonomy in computer science ［J］. Displays, 2015 (39): 68 – 79.

［173］ Ma, X. & Cahier, J. – P. An exploratory study on semantic arrangement of VDL – based iconic knowledge tags ［J］. Knowledge Organization, 2014, 41 (1): 14 – 29.

［174］ Ma, X. & Cahier, J. – P. Graphically structured icons for knowledge tagging ［J］. Journal of Information Science, 2014, 40 (6): 779 – 795.

［175］ Nasanen, R. & Ojanpaa, H. Effect of image contrast and sharpness on visual search for computer icons ［J］. Displays, 2014, 24 (3): 137 – 144.

［176］ Passini, S. , Strazzari, F. & Borghi, A. Icon – function relationship in toolbar icons ［J］. Displays, 2008, 29 (5): 521 – 525.

［177］ Ferreira, J. , Noble, J. & Biddle, R. A Case for iconic icons ［J］. The Seventh Australasian User Interface Conference, Hobart, Australia, Conference in Research and Practice in Information Technology, 2006 (1): 7 – 14.

［178］ Shipman, F. , Airhart, R. & Hsieh, H. Visual and spatial communication and task organization using the visual knowledge builder ［J］. In Proceedings of the 2001 International ACM Conference on Supporting Group Work, 2001 (1): 7 – 14.

［179］ Tanya, R. , Beelders, P. , Blignaut, J. , McDonald, T. & Dednam, E. The impact of different icon sets on the usability of a word processor ［J］. Lecture Notes in Computer Science, Springer Berlin / Heidelberg, 2007 (1): 250 – 257.

［180］ Jacko, J. A. The identifiability of auditory icons for use in educational software for children ［J］. Interacting with Computers, 1996, 8 (2): 121 – 133.

［181］Vardaxoglou，G. & Baralou，E. Developing a platform for serious gaming：open innovation through closed innovation ［J］. 4th International Conference on Games and Virtual Worlds for Serious Applications，Procedia Computer Science，2012（15）：111 – 121.

［182］Maiti，S.，Samanta，D.，Das，SR. & Sarma，M. Language Independent Icon – Based Interface for Accessing Internet ［J］. Communications in Computer and Information Science，2011（191）：172 – 182.

［183］Lindberg，T.，Nasanen，R. & Muller，K. How age affects the speed of perception of computer icons ［J］. Displays，2006，27（4 – 5）：170 – 177.

［184］Shen，S.，Prior，S. D.，Chen，K. & You，M. Chinese Web Browser Design Utilizing Cultural Icons ［J］. Lecture Notes in Computer Science，2007（1）：249 – 258.

［185］Gatsou，C.，Politis，A. & Zevgolis，D. From icons perception to mobile interaction ［J］. 2011 Federated Conference on Computer Science and Information Systems（FedCSIS），2011（1）：705 – 710.

［186］Lim，C. A case study of icon – scenario based animated menu's concept development ［J］. Proceedings of the 8th Conference on Human – computer Interaction with Mobile Devices and Services，Helsinki，Finland，2006（159）：177 – 180.

［187］Galdon，P.，Madrid，R.，de la Rubia – Cuestas，E. J.，Diaz – Estrella，A. & Gonzalez，L. Enhancing mobile phones for people with visual impairments through haptic icons：The effect of learning processes ［J］. Assistive Technology，2013，25（2）：80 – 87.

［188］Watanabe，J. & Nakajima，I. Moving – icon – based GUI for accessing contents at ease on mobile phones ［J］. International Conference on Consumer Electronics，2005（1）：431 – 432.

［189］Park，W. & Han，S. Intuitive multi – touch gestures for mobile web browsers ［J］. Interacting with Computers，2013，25（5）：335 – 350.

［190］Salman，Y.，Cheng，H. & Patterson，P. E. Icon and user interface design for emergency medical information systems ［J］. A case study，International Journal of Medical Informatics，2012，81（1）：29 – 35.

［191］Gotz，D.，Sun，J. & Cao，N. Multifaceted visual analytics for healthcare applications ［J］. IBM Journal of Research and Development，2012，56（5）.

［192］Lamy，J – B. Soualmia，LF. Formalization of the semantics of iconic languages：An ontology – based method and four semantic – powered applications ［J］.

Knowledge – Based Systems, 2017 (135): 159 –179.

[193] Collins, B. L. & Lerner, N. Assessment of fire safety symbols [J] . Human Factors, 1982, 24 (1): 75 –84.

[194] Peter, R. , Van Aalst, J. W. , Wilson, F. & Hofmann, T. Using icons as a means for semantic interoperability in emergency management [J] . International Conference on Geographic Information for Disaster Management, 2012 (1): 13 –14.

[195] Niels, R. , Willems, D. J. M. & Vuurpijl, L. G. The NicIcon database of handwritten icons [C] . Proceedings of ICFHR, 2008.

[196] Fitrianie, S. & Rothkrantz, L. A visual communication language for crisis management, Int [J] . Journal of Intelligent Control and Systems (Special Issue of Distributed Intelligent Systems), 2007, 12 (2): 208 –216.

[197] Ma, X. , Matta, N. , Sediri, M. & Cahier, J. – P. VDL – based Iconic Co – annotation in Crisis Management [J] . CTS, 2014 (5): 19 –23.

[198] Lam, R. , Cheung, K. , Ip, H. , Tang, L. & Hank, R. An iconic and semantic content based retrieval system for histological images, 4th International Conference on Advances in Visual Information Systems, Lyon, France [J] . Lecture Notes in Computer Science, 2000 (1): 384 –395.

[199] Lim, J. & Jin, J. Image retrieval using spatial icons [J] . IEEE International Conference on Multimedia and Exp, 2014 (1): 1615 –1618.

[200] Davis, M. Media streams: An iconic visual language for video annotation [J] . Telektronikk, 1993, 93 (4): 59 –71.

[201] Kolhoff, P. , Preuss, J. & Loviscach, J. Content – based icons for music files [J] . Computers & Graphics, 2008, 32 (5): 550 –560.

[202] Machida, W. , Itoh, T. & Lyricon. A visual music selection interface featuring multiple icons [J] . International Conference on Information Visualisation, 2011 (1): 145 –150.

[203] Bertin, Jacques. Semiology of graphics: Diagrams, networks, maps [M] . ESRI Press, 2011.

[204] Shiri, A. An examination of social tagging interface features and functionalities: An analytical comparison [J] . Online Information Review, 2009, 33 (5): 901 –919.

[205] Shiri, A. & Revie, C. Usability and user perceptions of a thesaurus – enhanced search interface [J] . Journal of Documentation, 2005, 61 (5): 640 –656.

[206] Nakamura, C. & Zeng – Treitler, Q. A taxonomy of representation strate-

gies in iconic communication［J］. International Journal of Human – Computer Studies, 2012（70）：535 – 551.

［207］Mayer, R. E. & Alexander, P. A. Handbook of research on learning and instruction［M］. New York：Routledge, 2011.

［208］Kalyuga, S., Chandler, P. & Sweller, J. Incorporating learner experience into the design of multimedia instruction［J］. Journal of Educational Psychology, 2000（92）：126 – 136.

［209］King, A. J. On the possibility and impossibility of a universal lconic communication system［C］//. In：Yazdani, M., Barker P.（Eds.）. Iconic Communication［M］. Intellect, Bristol. UK, 2000.

［210］Ma, X. & Cahier, J. P. Collaboratively construct a Hypertopic – based Icon System for Knowledge tagging［J］. International Conference on Social Informatics, 2012（1）：309 – 322.

［211］Wang, H., Hung, S. & Liao, C. A suvey of icon taxonomy used in the interface design［M］. ECCE 2007 Conference, London, UK, 2007.

［212］Sutcliffe, A. G., Ennis, M. & Hu, J. – J. Evaluating the effectiveness of visual user interfaces for information retrieval［J］. International Journal of Human – Computer Studies, 2000, 53（5）.

［213］Hearst, M. A. Search User Interfaces［J］. Cambridge University Press, Berkeley, 2009.

［214］Zhang, Y., Yi, D., Wei, B. & Zhuang, Y. A GPU – accelerated non – negative sparse latent semantic analysis algorithm for social tagging data［J］. Information Sciences, 2014（281）：687 – 702.

［215］Hendahewa, C. & Shah, C. Implicit search feature based approach to assist users in exploratory search tasks［J］. Information Processing & Management, 2015, 57（5）：643 – 661.

［216］Sahib, N., Tombros, A. & Stockman, T.（2015）. Evaluating a search interface for visually impaired searchers［J］. Journal of the Association for Information Science and Technology, 2015, 66（11）：2235 – 2248.

［217］Morrison, P. Tagging and searching：Search retrieval effectiveness folksonomies on the World Wide Web［J］. Information Processing & Management, 2008, 44（4）：1562 – 1579.

［218］Lu, S., Mei, T., Wang, J., Zhang, J., Wang, Z. & Li, S. Browse – to – Search：Interactive Exploratory Search with Visual Entities［J］. ACM Transactions on

Information System, 2014, 32 (4): 7 – 14.

[219] Jiang, T., Liu, F. & Chi, Y. Online information encountering: Modeling the process and influencing factors [J]. Journal of Documentation, 2015, 71 (6): 7 – 14.

[220] Sanderson, M. Text information retrieval systems [J]. Journal of Documentation, 2001, 57 (2): 315 – 317.

[221] Liu, J. Toward a unified model of human information behavior: An equilibrium perspective [J]. Journal of Documentation, 2017, 73 (4): 666 – 688.

[222] Chung, N. & Han, H. The relationship among tourists' persuasion, attachment and behavioral changes in social media [J]. Technological Forecasting & Social Change, 2016 (1): 7 – 14.

[223] 刘宏, 黄世祥. 移动互联网下信息搜索趋势及问题的研究 [J]. 长春理工大学报, 2014, 27 (5): 76 – 78.

[224] Abulibdeh, A. & Zaidan, E. Empirical analysis of the cross – cultural information searching and travel behavior of business travelers: A case study of MICE travelers to Qatar in the Middle East [J]. Applied Geography, 2017 (85): 152 – 162.

[225] Choe, Y. & Kim, J. & Fesenmaier, R. Use of social media across the trip experience: An application of latent transition analysis [J]. Journal of Travel & Tourism Marketing, 2017, 34 (4): 431 – 443.

[226] Park. The development of travel demand nowcasting model based on travelers' attention: Focusing on web search traffic information [J]. The Journal of Information Systems, 2017, 26 (3): 171 – 185.

[227] Tan, W. & Wu, C. An investigation of the relationships among destination familiarity, destination image and future visit intention [J]. Journal of Destination Marketing & Management, 2016, 5 (3): 214 – 226.

[228] Zhou, X., Xu, C. &, Kimmons, B. Detecting tourism destinations using scalable geospatial analysis based on cloud computing platform [J]. Computers Environmet and Urban Systems, 2015 (1): 144 – 153.

[229] Maiorescu, I., Negrea, M., Popescu, D. & Sabou, G. Best practices regarding the use of electronic environmet for romaanian tourism developmnt [J]. Amfiteatru Economic, 2016 (1): 474 – 486.

[230] Rutherford, J., Kobryn, H. & Newsome, D. A case study in the evaluation of geotourism potential through geographic informationsystems: Application in a geology –

rich island tourism hotspot〔J〕. Current Issues in Tourismm, 2015（1）：267－285.

〔231〕张明希, 许捍卫. 基于 Google Map 的虚拟旅游信息系统研究〔J〕. 测绘与空间地理信息, 2015（2）：124－127.

〔232〕Li, Q. & Wu, Y. VisTravel：Visualizing tourism network opinion from the user generated content〔J〕. Journal of Visualization, 2016（3）：489－502.

〔233〕Guan, D. & Du, J. Cross－media big data tourism perception research based on multi－agent〔J〕. In：Lecture Notes in Electrical Engineering, Yangzhou, Peoples R China, 2015（1）：353－360.

〔234〕Vallespin, M. , Molinillo, S. & Munoz－Leiva, F. Segmentation and explanation of smartphone use for travel planning based on socio－demographic and behavioral variables〔J〕. Industrial Management & Data Systems, 2017, 117（3）：605－619.

〔235〕He, J. , Liu, H. & Xiong, H. SocoTraveler Travel－package recommendations leveraging social influence of different relationship types〔J〕. Information & Management, 2016, 53（8）：934－950.

〔236〕王静, 刘伟峰, 汪伟. 面向旅游信息的垂直搜索引擎的设计与实现〔J〕. 信息系统工程, 2014（3）：29－31.

〔237〕Kourouthanassis, P. , Mikalef, P. , Pappas, I. & Kostagiolas, P. Explaining travellers online information satisfaction：A complexity theory approach on information needs, barriers, sources and personal characteristics〔J〕. Information & Management, 2017（1）：7－14.

〔238〕曾雁鸣. 基于 GIS 的西安市旅游信息系统设计与实现〔D〕. 长安大学博士学位论文, 2002.

〔239〕杜海波. 自助游服务信息系统〔D〕. 河北科技大学博士学位论文, 2012.

〔240〕张补宏, 闫艳芳. 国内外旅游信息化研究综述〔J〕. 地理与地理信息科学, 2012, 28（5）：95－99.

附　　录

附录1　第一次实验中三类标签展板

1 géographie	2 risque	3 chauffage	4 ours	5 prise de conscience	6 gestion de risque	7 santé	8 eau
9 3D interactif	10 science de l'atmosphère	11 consommation d'électricité	12 loisirs locaux	13 gaspillage	14 experts	15 énergie éolienne	16 industrie
17 sécurité globale	18 désinfection	19 vidéo	20 pollution et dépollution	21 collectivité locale	22 au début	23 article de recherche	24 érosion du sol
25 lampe	26 bloqué	27 déconseillé aux enfants	28 nutriment	29 énergie	30 éruption volcanique	31 matériel	32 jeunes citoyens
33 psychologie	34 finance	35 émissions industrielles	36 art	37 ordinateur	38 transport camion	39 jeu	40 histoire
41 émission	42 logiciel	43 projet étudiant	44 spiritualité	45 agriculture méditerranéenne	46 pêche	47 mine	48 groupe humain défavorisé
49 téléphones portables	50 covoiturage	51 fini	52 service	53 déchets	54 énergie renouvelable	55 livre	56 projet associatif
57 projet de recherche	58 arbre	59 web	60 ville durable	61 enfants	62 transport par pipeline	63 jardin	64 pluie
65 réchauffement climatique	66 chimie	67 légume	68 écologie industrielle	69 zoologie	70 animaux marins	71 projet individuel	72 commerce équitable
73 économie d'énergie	74 batiment	75 droit	76 éducation	77 cours	78 en cours	79 mobilité	80 adultes
81 biogaz	82 idée	83 nuisance sonore	84 recyclage	85 science et technologie alimentaire	86 transport	87 centrale électrique	88 dioxyde de carbone

1 géographie	2 risque	3 chauffage	4 ours	5 prise de conscience	6 gestion de risque	7 santé	8 eau
9	10 science de l'atmosphère	11 consommation d'électricité	12 loisirs locaux	13 gaspillage	14 experts	15 énergie éolienne	16 industrie
17 sécurité globale	18 désinfection	19 vidéo	20 pollution et dépollution	21 collectivité locale	22 au début	23 article de recherche	24 érosion du sol
25 lampe	26 bloqué	27 déconseillé aux enfants	28 nutriment	29 énergie	30 éruption volcanique	31 matériel	32 jeunes citoyens
33 psychologie	34 finance	35 émissions industrielles	36 art	37 ordinateur	38 transport camion	39 jeu	40 histoire
41 émission	42 logiciel	43 projet d'étudiant	44 spiritualité	45 agriculture méditerranéenne	46 pêche	47 mine	48 groupe humain défavorisé
49 téléphones portables	50 covoiturage	51 fini	52 service	53 déchet	54 énergie renouvelable	55 livre	56 projet associatif
57 projet de recherche	58 arbre	59 web	60 ville durable	61 enfants	62 transport par pipeline	63 jardin	64 pluie
65 réchauffement climatique	66 chimie	67 légume	68 écologie industrielle	69 zoologie	70 animaux marins	71 projet individuel	72 commerce équitable
73 économie d'énergie	74 batiment	75 droit	76 éducation	77 cours	78 en cours	79 mobilité	80 adultes
81 biogaz	82 idée	83 nuisance sonore	84 recyclage	85 science et technologie alimentaire	86 transport	87 centrale électrique	88 dioxyde de carbone

附录2 第一次实验中被标注文本展示及
标注过程展示

1

SOS-21

Jeu multi-joueurs en ligne, accessible sur le Web avec un simple navigateur, d'immersion dans les défis du développement durable. Sensibiliser au développement durable par le jeu, acquérir de bonnes pratique en matière de gestes quotidiens, découvrir sur une carte de votre région des innovations ou des initiatives proposée par des partenaires ou des collectivités locales, mieux connaître ces initiaitves, ou même les visiter dans un univers 3D… SOS-21 est un jeu en ligne, éthique et innovant, où le joueur confronte son avatar aux défis du développement durable et changer ses comportements dans la réalité. Des territoires réels sont reconstitués dans les mondes virtuels SOS-21, donnant aux participants un nouveau regard sur la ville et ses centres d'intérêts Participez et jouez pour voir votre région modélisée ! Le projet SOS-21 se continue en approche Open Source, et recherche des participants, pour développer la prochaine version qui comportera des fonctions collaboratives et multi-joueurs.

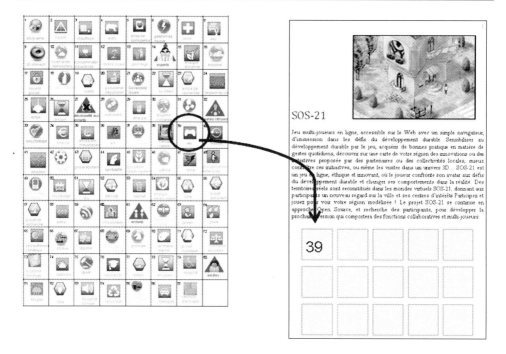

附录3 第一次实验的先测问卷

N° de participants：

Spécialité：

E-mail（facultatif）：

1. Langue maternelle： [ ] français   [ ] autre

Si vous avez coché 《autre》：

1）Depuis combien d'année pratiquez – vous le français?

2）Quel est votre niveau du français?

[ ] faible   [ ] moyen   [ ] fluent

2. Quelle est en gros votre connaissance du développement durable？（**cochez la réponse**）

[ ] J'ai une excellente compréhension de ce que représente ce concept

[ ] Je ne comprends pas très bien ce que ce concept veut dire

[ ] Je ne comprends pas du tout

3. Est – ce que vous avez suivi（**ou êtes – vous en train de suivre**）**des cours ou les formations sur le développement durable**？

[ ] Aucune formation

[ ] Simple initiation

[ ] Cours approfondi

附录4　第一次实验的后测问卷第一部分

N° de participants：

1. Compréhension

Listez à votre avis les 4 tags （mettez les numéros de tags） les plus difficilement compris et 4 les plus facilement compris.

2. Visualisation

Pensez – vous que vous venez de manipuler les tags qui pourraient être regroupés en catégories? Si oui, donnez un exemple d'une catégorie des tags （mettez les numéros de tags） et essayez de nommer cette catégorie. Pour quelle raison pensez – vous qu' ils sont dans une catégorie?

3. Suggestion

Cela nous aiderait si vous pourriez nous indiquer quels sont les qualités et les défauts de tags que vous avez utilisés Par exemple, compréhensibilité, mémorisablité, réutilisabilité…. Avez – vous des suggestions à nous faire pour améliorer le système de tag? Vous pouvez aussi communiquer oralement cette suggestion à l' animateur de votre groupe en sortant de la salle.

附录5　第一次实验的后测问卷第二部分

*Pour le groupe B

N° de participants：

1. Mémorisation

Mettez les textes pertinents en choisissant dans le nuage de tag ci – dessous.

enfants

web experts

collectivité locale droit

nuisance sonor chimie

pêche

spiritualité

jeu

matériel

covoiturage

groupe humain de favorise

désinfection

émissions industrielles

chauffag

art

consommation d'électricité bloqué   agriculture

méditerranéenne   au début idée

projet associatif   service

* Pour le groupe C

N° de participants：

2. Mémorisation

Mettez les textes pertinents en choisissant dans le nuage de tag ci – dessous.

_____	_____
_____	_____
_____	_____
_____	_____
_____	_____
_____	_____
_____	_____

enfants   matériel

web experts   covoiturage

collectivité locale droit   groupe humain de favorise

nuisance sonorechimie   désinfection

pêche   émissions industrielles

spiritualité   chauffage

jeu   art

consommation d'électricité bloqué   agriculture

méditerranéenne   au débutidée

projet associatif   service

附录6　第二次实验的四类标签展板

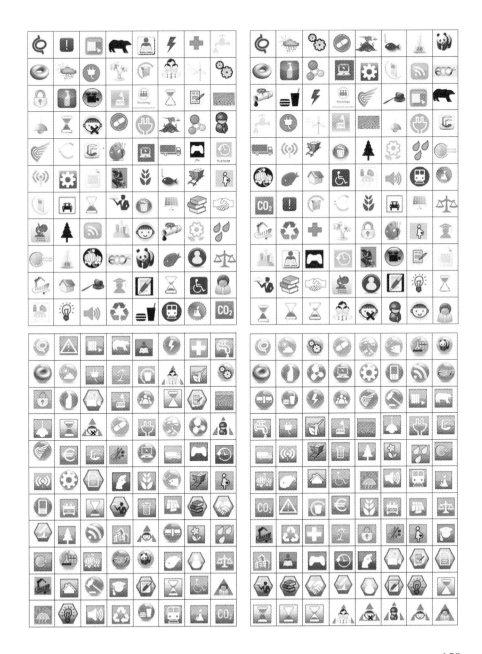

附录 7　第二次实验的界面介绍

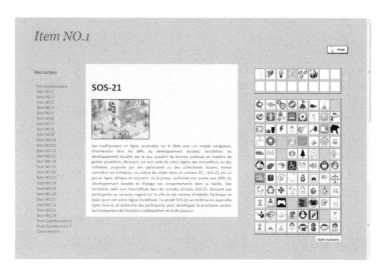

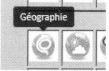

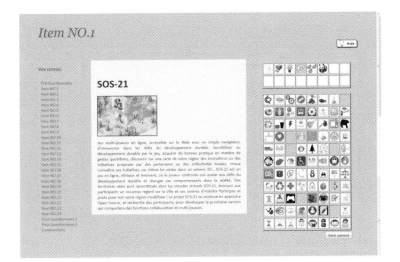

附录 8　第二次实验的先测问卷

1.（**Question sur la maitrise de la langue**）**Dans le présent questionnaire le nombre de mots que j'ai eu du mal à comprendre ou à traduire est**：

A. je comprends sans peine tous les mots

B. de 1 à 3 mots

C. entre 3 et 10mots

D. plus de 10 mots

2. Est – ce que votre langue maternelle est française?

A. Oui

B. Non

3. Estimez – vous posséder（**par exemple grace à des formations que vous auriez suivies**）**certaines compétences en développement durable et en sciences de l'environnement**?

A. non, je n'ai suivi aucune formation et ne suis pas particulièrement compétent dans ce domaine

B. je n'ai suivi aucune formation dans ce domaine, mais je m'y intéresse et je suis assez compétent dans ce domaine

C. j'ai suivi certaines formations et je dispose de connaissances moyennes dans ce domaine

D. j'ai suivi certaines formations et je pense disposer d'une certaine expertise dans ce domaine

4. Combien pourriez vous citer de médias（**sites Web, journaux, émissions de radio ou de TV**）**publiant des contenus sur le développement durable ou l'environnement, et que vous vous avez été amené à consulter**?

A. aucun

B. un ou deux

C. 3 à 5

D. 5 ou plus

5. Avez – vous dans les 30 jours qui précèdent, acheté ou consommé un produit（**ou service**）**, en ayant tenu compte, dans votre choix, de facteurs de développement durable**?

A. jamais

B. une fois

C. à 2 ou 3 reprises

D. à de très nombreuses reprises

6. Lorsqu'elles sont recyclées, les bouteilles en plastique peuvent être transformées en:

A. verre

B. fibre polaire

C. papier

7. Le biodiesel est:

A. un biocarburant à base de beurre

B. un biocarburant à base de compost

C. un biocarburant à base d'huile végétale

8. A cause du réchauffement climatique, la glace fond et la limite de glaciers du Pôle nord recule actuellement de:

A. moins de 10 mètres par an

B. entre 10 et 20 mètres par an

C. plus de 20 mètres par an

D. cette limite reste fixe les glaciers ne reculent pas du tout

9. Les énergies renouvelables ce sont:

A. des formes d'énergie dont la source se reconstitue à la même vitesse qu'elle est consommées

B. des formes d'énergie dont la source ne se reconstitue pas

C. des formes d'énergie dont la source se reconstitue plus rapidement qu'elle est consommées

Pré-Questionnaire

Consigne du pré-questionnaire:

Avant de commencer l'expérience, veuillez remplir le pré-questionnaire ci-dessous.
Lisez le texte et répondez les questions. Ce n'est pas un examin, ne vous inquiétez pas.
Pour confirmer vos réponses et continuer dans la partie suivante, merci de cliquer sur le bouton « confirmer et commencer le test » en bas du questionnaire.

Votre cursus: (3%)

1. (Question sur la maitrise de la langue) Dans le présent questionnaire le nombre de mots que j'ai eu du mal à comprendre ou à traduire est :

    ⦿ A. je comprends sans peine tous les mots
    ◯ B. de 1 à 3 mots
    ◯ C. entre 3 et 10mots
    ◯ D. plus de 10 mots

2. Est-ce que votre langue maternelle est français?

    ⦿ A. Oui
    ◯ B. Non

3. Estimez-vous posséder (par exemple grâce à des formations que vous auriez suivies) certaines compétences en développement durable et en sciences de l'environnement ?

    ⦿ A. non, je n'ai suivi aucune formation et ne suis pas particulièrement compétent dans ce domaine
    ◯ B. je n'ai suivi aucune formation dans ce domaine, mais je m'y intéresse et je suis assez compétent dans ce domaine
    ◯ C. j'ai suivi certaines formations et je dispose de connaissances moyennes dans ce domaine
    ◯ D. j'ai suivi certaines formations et je pense disposer d'une certaine expertise dans ce domaine

4. Combien pourriez vous citer de médias (sites Web, journaux, émissions de radio ou de TV) publiant des contenus sur le développement durable ou l'environnement, et que vous vous avez été amené à consulter ?

    ⦿ A. aucun
    ◯ B. un ou deux
    ◯ C. 3 à 5
    ◯ D. 5 ou plus

附录9　信息搜索实验先测问卷

Pre – questionnaire

Name _____　　Sex _____　　Group Title _____

Please choose one answer to each question from three options.

1. How long have you paid attention on Sustainable Development?

　A. more than 1 year　　　　B. less than 1 year　　　　C. never

2. How many courses about Sustainable Development have you ever had?

　A. more than 3　　　　B. less than 3　　　　C. never

3. How many times have you ever received the training on Sustainable Development?

　A. more than 3 times　　　　B. once or twice　　　　C. never

4. Which day is the International Environment Protection Day?

　A. 5th June　　　　B. 15th July　　　　C. 25th August

5. What is the cause of global warming?

　A. SO_2　　　　B. CO_2　　　　C. CO

6. which is recyclable resources?

　A. peel　　　　B. leftover　　　　C. paper

7. Do you know how many hours an electric bulb is lit by an elevator?

　A. 25 hours　　　　B. 10 hours　　　　C. 5 hours

8. Which is the most serious metal pollution source in the world produces by automobile exhaust?

　A. copper　　　　B. lead　　　　C. aluminum

9. How many decibels do we usually mean by noise pollution?

　A. 60　　　　B. 70　　　　C. 80

10. What is the national toll free hotline for environmental problems?

　A. 12306　　　　B. 12123　　　　C. 12369

附录10 无特定搜索目标信息搜索任务

Test 1

Tester number：_____

Please answer to following four questions based on 30 knowledge texts and tags below.

Attention：

1. Make full use of tags below each knowledge text.

2. Remember to record the time when finishing all the tests.

Start time：_____ End time：_____

1. Did you think the tags involved in the test have certain structure?

A. YES   B. NO

2. Is the structure of tags clear and easily identified?

A. YES   B. NO

3. In your opinion, how many categories could be created to classify all the tags in the test material?

4. Please also write down the amount of tag category involved in text No. 1, text No. 12 and text No. 22 according to your caterogization.

5. Based on the information implied by tags, which knowledge text (s) do you think is/are related to text No. 2? Please write down the text number (s).

6. Please list the knowledge text number having relevant topic with text No. 8.

7. Taking advantages of information implied by tags, which knowledge texts will be paid more attention if you need to search a knowledge text talking about animal protection?

附录 11　有特定目标信息搜索任务

Test 2

Tester number：＿＿＿＿＿＿＿＿＿＿＿＿＿＿＿

Please complete 23 seeking tasks by using 30 tagged knowledge texts distributed to you. Write down the knowledge text number for each seeking question.

Start time：＿＿＿＿＿＿＿＿＿＿＿＿　　End time：＿＿＿＿＿＿＿＿＿＿＿＿

1. Please find out the knowledge texts talking about animal protection.

2. Which knowledge texts are related to air pollution?

3. Please find a knowledge text with the topic of vehicle emission.

4. More than one knowledge text on the policy for environment protection is involved. Please record the text number.

5. Please find out the knowledge texts in which government is the main subject.

6. Please find out one knowledge text concerning new energy.

7. Which knowledge text studying the water protection?

8. Please find out one knowledge text talking about ecology.

9. Is there any text concerning plant protection? If yes please record the text number.

10. Could you find some text related to road construction? If yes please record the text number.

11. More than one knowledge text on the policy for agricultural environmental protection is involved. Please record the text number.

12. Please find out the knowledge texts talking about civilization construction.

13. Could you find some text related to recycle? If yes please record the text number.

14. Please find out the knowledge texts under the format of report.

15. Please find out the knowledge texts talking about E-waste.

16. Please find out the knowledge texts talking concerning health.

17. Could you find some text related to tourism? If yes please record the text number.

18. Which knowledge texts are related to collaboration in environmental protection?

19. More than one knowledge text on the land conservation. Please record the text number.

20. Please find out the knowledge texts talking concerning carbon dioxide emissions.

21. Please find out the knowledge texts under the format of report.

22. Please find out the knowledge texts under the format of news.

23. Could you find some text related to education? If yes please record the text number.

附录 12　信息搜索实验后测问卷

Post – questionnaire

Tester number: _____

Please answer to the questions below according to your experience in two seeking tests.

1. How did you ensure the categorization of tags listed in the test one? What was your classification criterion?

2. Did you pick up information from the expression of tag when classifying tags? If yes, how did you get it?

3. How did you identify the relevant knowledge texts in test one and test two? Please state the process and the judgment basis of identification.

4. Please briefly describe your seeking process in test two, taking one or two seeking mission as an example.

5. Please state your opinion on the tags used for knowledge text in test two. For example, were the tags easily understood? Was the relationship between tags explicitly represented? Was the relationship between tags or tagged knowledge able to assist in information seeking?